戰國武將
職場菁英生存術

スエヒロ／著

瑞昇文化

前言

戰國時代與現代社會，有什麼共通之處呢？
如果嘗試用社會人士的觀點來看，足輕好比是現代的上班族，
大名則是董事長、足輕大將應該可以比喻為課長吧。
將競爭公司想像成敵國、合戰就是跟競爭對手爭奪市佔率。
企業合作是締結同盟，年薪的數字是俸祿的石高。
從這一點來看戰國時代與現代商務，其實意外地可以互相替換也不一定。

本書著眼於戰國時代與現代企業的共通點，
是一本囊括了求生絕技的「企業攻略書」，
就算是現代的上班族穿越到戰國時代也能存活，
或者戰國武將穿越到現代社會也能求生存。
如果你正經八百地問我「這個有用嗎？」、「這樣做有意義嗎？」
也許我只能低著頭苦笑以對，

但是，既然我們是於現代社會奮戰的上班族，
搞不好，這本書會意外地在某時某地派上用場（也說不定），
如果能抱持這樣的心情，即使是不經意地拿起這本書的你，
想必也能夠更順暢地閱讀本書吧！

本書將歷史的名人與重大事件，比喻為現代社會的情境（也有倒過來的情況），
許多上班族必備的訣竅與求生絕技，
以及商業禮儀都融會貫通於一冊。

如果你對日復一日的上班族生活，感到有點倦怠，
或者像是困在看不到出口的隧道，前途茫茫、身心俱疲的求職新鮮人，
當你在通勤或是上學途中，想像自己不小心從現代穿越到戰國時代、
邊看這本書邊發出「啊哈哈、喔呵呵」的笑聲，
能為你帶來一點放鬆的感覺，身為本書的作者，實在深感榮幸。

スエヒロ

目次

第1章 成功武將的登場方式

第2章 王牌武將的溝通技巧

第3章 藉由工作規矩，創造自己與競爭武將的差異

第4章 邁向天下人之路的職能升級法

更上一層樓的方法

商務電子郵件撰寫法・實戰篇

專欄

第1章

成功武將的登場方式

只要掌握基本禮節，
不管是戰爭或是謀反都無須擔心！

適合謀反時穿的服裝

從「本能寺之變」學習「如果」決定謀反時穿的決勝服裝

織田信長在「本能寺之變」，遭到明智光秀謀叛而死。影劇小說經常描寫，織田信長穿著「白色睡袍」英勇奮戰。遭受部下謀叛，在這種誰也無法預料的情況下，信長仍然能以一身颯爽的白色睡袍，留給後人睿智又帥氣的模樣。這也許要歸功於信長平時就抱持有備無患的態度。如果是現代人遭受謀反，不難想像，應該是穿著**一條內褲**或**皺巴巴的睡衣**應戰的醜態。

像這種轟動天下的謀反行為，不管是發動謀叛的人，或是遭受謀叛的人，都會同樣受到全國的注目，因此格外需要挑選適合的服裝。正是因為謀反是一件迅雷不及掩耳之事，此時正是考驗**武將器量**的關鍵時刻。無論是打算要謀反，或是可能被謀反的人，都要事先準備好**「適合謀反場景的服裝」**。

基本要點

1 顏色與花紋

發動謀反的當事人，最好選擇亮眼吸睛的顏色與花紋。若是要發動奇襲的話，則要選擇低調沉穩的款式。

2 素材與材質

重點是質料是否堅韌耐用。高價名牌貨，不見得就堅固耐用，這點不可不慎。

3 剪裁與設計

基本上要把握簡約的設計原則。如果想要凸顯自己，建議搭配有奇特盔飾的頭盔。

發動謀反者的服裝

▸謀反者服裝的第一重點，無非是便於「一舉斬殺敵人」。除了鎧甲與頭盔等防具之外，記得也一定要帶上刀劍、弓箭、還有長槍等武器。

頭盔
選擇符合頭型尺寸的頭盔，盡量避免使用會妨礙行動的奇形怪狀頭盔。

頭盔的繫帶
記得一定要綁好繫帶。就算是成功謀反、取得勝利後，也要記得綁緊頭盔。

鎧甲
選擇兼具耐用以及方便活動的鎧甲。平時就要注意清潔，避免髒污影響形象。

武器
基本上使用刀劍，可依照實際狀況，改用長槍或是弓箭。也推薦火箭等箭矢。

鞋子
基本原則是選擇輕便好走的鞋子，如果雨天或是特殊天候，請多帶一套替換。

前輩武將的心聲 ▶明智光秀先生(55)

comment

開始謀反的那一刻，現場真的是兵荒馬亂，讓我深深感受到事前準備的重要性。謀反能否成功，有九成決定在事前準備。

遭受謀反者的服裝

▸**說到遭受謀反的這一方，因為就算睡到一半也可能發生叛變，實在很難做好萬全的準備。首先請挑選舒適好睡的睡袍。最好是盡可能事先選擇乾淨清爽的睡袍。**

髮型

如果行有餘力的話，最好梳理好髮髻。就算遭到謀反，也要時時確認髮髻，以免披頭散髮有損形象。

腰帶

如果穿白色等素面款睡袍的話，可以選擇讓人眼睛為之一亮的醒目腰帶。王牌武將就算遭到謀反，也要讓每個細節都時髦亮眼。

腳

原則上就算打赤腳也沒關係。如果要舞一曲敦盛的話，赤腳也OK。

武器

首選弓箭或是長槍。若在就寢之前，先在床頭備好整套武器，更是讓人感到安心。

睡袍

白色等具備清潔感的顏色是上上之選。為了維護睡眠品質，要記得挑選尺寸合身的睡袍。

前輩武將的心聲 ▸**織田信長**先生(49)

comment

想起遭受謀反的那天，真讓人餘悸猶存。雖然拿起弓箭與長槍應戰，但服裝只是普通的睡袍。還好我會舞敦盛，才能維持帥氣感。真是LUCKY！

能在謀反場面派上用場的其他小物

刀

不只謀反時刻，對戰國人士來說，刀就是基本配件。太刀、脇差、小太刀，種類繁多，選擇時最好挑選符合TPO*的小物。

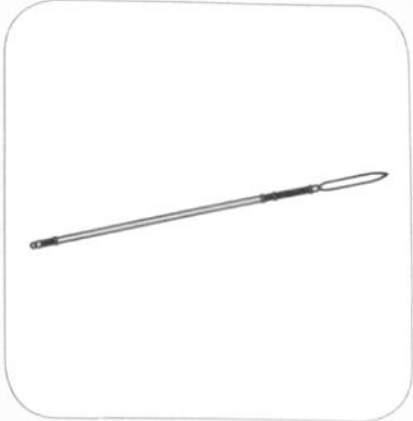

槍

如果要在建築物內抵禦入侵者，建議使用長槍等武器。請選用攻擊範圍長的武器吧。

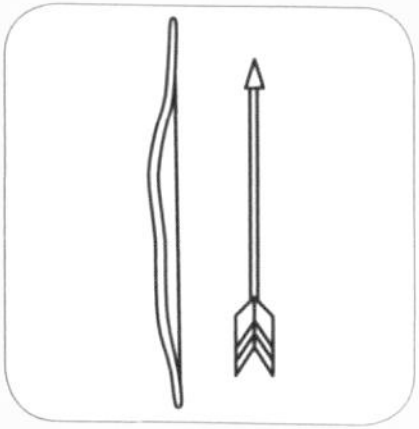

弓箭（火箭）

對發動謀反，或是遭受謀反的人，弓箭都是很有效果的武器。但是，火箭只適合發動謀反者這點，萬萬不可輕率。

篝火

如果謀反的預定時間，有包含夜間時段的話，務必攜帶篝火等照明器具。

CHECK POINT

武器以及裝備要選擇慣用之物！

謀反時往往會陷入混戰，比起使用不稱手的全新裝備，倒不如選擇慣用武具，以免在最後關頭出差錯。

平時熟練敦盛，才能舞得精采漂亮！

以「人間50年～」聞名的「敦盛」，是謀反時的名場面。覺得會被背叛的人，最好事先勤加練習。

＊TPO：指的是時間（Time）、地點（Place）、場所（Occasion）三個要件。

王牌武將必備配件

能讓自己的武將力更上一層樓。為了在合戰、評定、諜報、茶會等戰國時代的招牌場面派上用場，務必事先收集各種**決勝配件**。

王牌武將必備決勝配件，在商務的戰場無往而不利

戰國武將的肖像畫，經常描繪武將手持刀劍、弓箭等武器，或是拿著軍配、采配等琳琅滿目的配件。因為是傳世的肖像畫，說不定是從該名武將的日常用品中，特別挑選**稍微高級的良品**來繪製也說不定。也許就像是現代商務人士會配戴**稍微昂貴的手錶**來凸顯自己那樣吧。

同理可證，一個能大放異彩的王牌武將，在小地方也要堅持自己的品味。若是懂得穿搭，挑選符合自己風格或是ＴＰＯ等等的時髦配件，就

前輩武將的心聲

平時會在懷中準備幾雙草履呢？

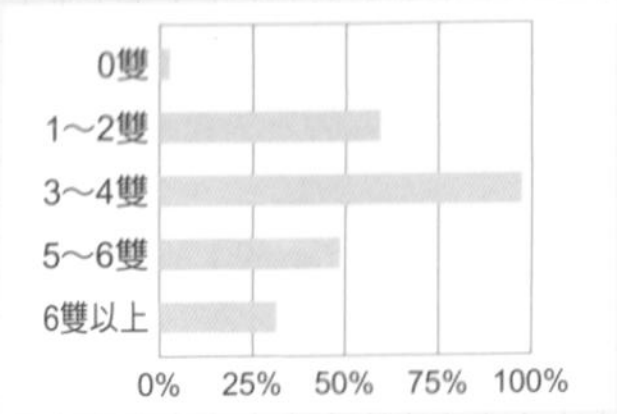

草履也在下一頁的清單之內。通常會準備一般情況用、髒污地形用、預備用共三雙左右。一雙草履都沒帶的人，他是負責拿草履的小廝，要以特例看待。

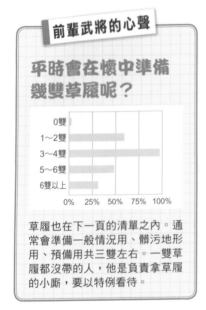

商務戰場的必備配件清單

配件	用途
刀	斬殺敵人
弓	遠距離戰鬥用
長槍	刺殺敵人
鎧甲	戰場上的防具
籠手	保護手臂的防具
火繩槍	射擊，進行三段射擊
軍配	傳達軍令
采配	傳達軍令
扇子	可用來舞一曲敦盛
法螺貝	吹出聲響來提醒士兵
陣太鼓	敲出聲響來鼓舞士氣
鹽	可以送給宿敵
脇息	讓手肘靠著休息
竹箱	用來搬送貨物
茶器	用來品茗

配件	用途
脇差	預備用刀、切腹用
箭矢	可以一次拿三支折看看
軍馬	合戰等場合騎乘用
頭盔	戴在頭上參戰
脛當	用來保護小腿
奇形頭盔	在戰場上秀出自己
行軍椅	在本陣休息用
狼煙台	燃放狼煙聯絡軍情
草履	放在懷中加溫用
蓑衣	雨天用的雨具
忍者道具	策反敵人行動時使用
杜鵑鳥	天下人必備象徵
陣羽織	戰場保暖用（後方軍陣）
兜襠布	把情緒也一併綁緊
漆器	餽贈、賄賂用

CHECK POINT

避免在戰場上使用浮誇的裝飾品

過於浮誇的裝飾品，只會讓自己成為敵人狙擊的目標，最好選擇簡單款式。

軍配等指揮物要夠資格才能拿

軍配、采配等配件，只有指揮官才可以使用，切記不要逾越本分。

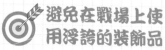

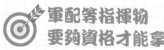

藉由實戰學習戰國配件的使用法

參考過遭的前輩武將，將戰國配件發揮最大效果

費盡苦心收集的戰國配件，如果搞錯使用方法或是使用時機，反而會給人帶來負面印象。比方說上杉謙信曾在武田信玄**焦頭爛額之時**餽贈「鹽」，因此才能發揮戲劇性的效果。如果對方的存鹽多到有剩，贈鹽與敵**反而會惹人討厭**。接下來將會分析戰國時代的著名場面，拆解出「在何地」、「給何人」、「如何贈送」三大重點，來學習使用戰國配件的訣竅與重點。

最高指導原則！

① 事先練習不可少

不論是在任何時候，都想把戰國配件發揮最大功效的話，事前的練習絕對不能少。現在就開始練習，如何舞一曲敦盛吧。

② 得準備替代品

在措手不及的情況下，如果來不及準備戰國配件時，也要找替代品。沒有草履的話，就用粗編草鞋；沒有箭矢的話，就用樹枝代替。以臨機應變的態度對應。

③ 不能太過依賴道具

無論準備得多麼周全，也要謹記，不能過於依賴戰國道具。就算事先準備火繩槍，如果碰到大雨，也毫無用武之地。

火繩槍 ～以織田信長為例～

▸雖然火繩槍價格昂貴又不容易操作，但它擁有的強大火力可以彌補不足，所以請積極地使用火繩槍吧！

HINAWA-JU

WHERE

在長篠等各種戰場上使用

WHO

瞄準經常在戰場上率領騎馬兵的武將

HOW

將鐵炮兵編組成三橫隊，命他們輪流射擊敵人

箭矢（三支一組）～以毛利元就為例～

▸主要是在戰場上用於射擊遠方的敵人。但其實跟同事或部下對話、或是會議等場合中，若能活用箭矢就能發揮良好效果。

THREE ARROWS

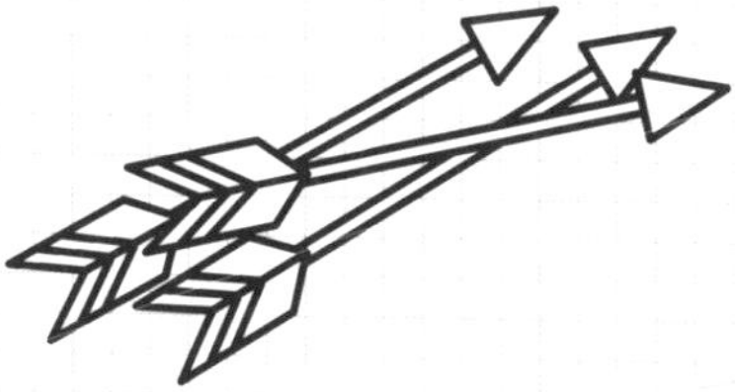

WHERE

與家臣面談之時

WHO

對繼承家業者使用（三人左右）

HOW

折斷一支箭之後，再一次拿起三支箭來折看看

鹽 ～以上杉謙信為例～

▸雖然鹽是日常使用的調味料，但只要懂得如何活用，就能在戰國亂世的外交場合上發揮奇效。務必先確認對方是否有存鹽，再來贈鹽吧。

SALT

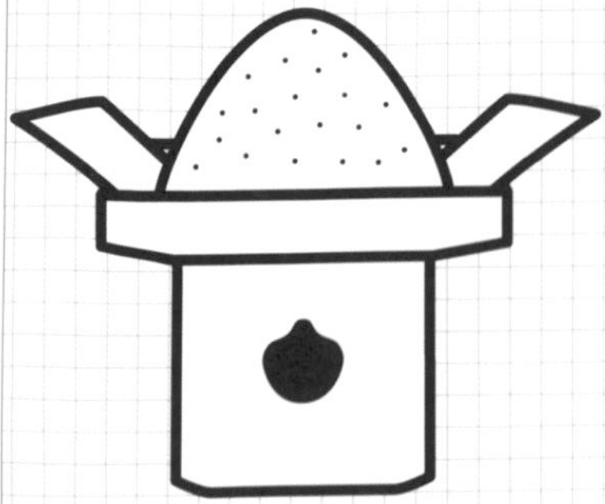

WHERE

與鄰國武將爭奪霸權之時

WHO

苦於缺鹽的武將

HOW

贈鹽予敵，或是允許借道運鹽

草履 ～以木下藤吉郎為例～

▸草履雖然只是普通的足下之物，只要掌握活用方法，就能成為出人頭地的墊腳石。就算是簡單的工作，也要發揮「款待之心」。

ZOURI

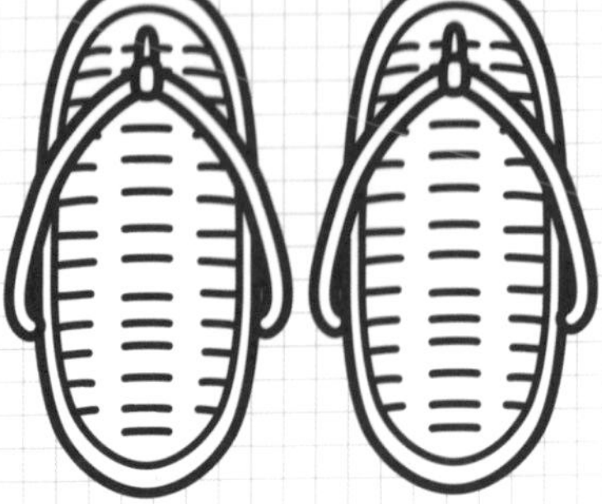

WHERE

嚴冬等低溫之際

WHO

由你負責送上草履的上司

HOW

先把草履放在懷中加熱吧

紅豆袋 ～以阿市夫人為例～

▸說到傳遞情報，通常會使用書信或口頭傳話等方式。只要一個小創意，就能透過小小的「紅豆袋」，將各種情報傳達給對方。

AZUKI-BUKURO

WHERE

對方可能遭受前後夾攻之際

WHO

與夫家處於敵對關係的血親或兄弟

HOW

將紅豆袋作為勞軍贈禮，暗示對方即將遭受前後包夾

扇子 ～以織田信長為例～

▸扇子是搧風的道具，但在生死關頭之時，扇子可以作為舞詠能樂的道具。即將統一天下之人，或是沒帶多少部下就寄宿在寺院的人，務必先準備一把扇子在身上。

SENSU

WHERE

當寺院陷入火海之時

WHO

只差一步就要統一天下的武將

HOW

詠誦辭世之句後，手持扇子來舞一曲敦盛

如何辨別黑心大名

為了避免選錯邊站，必須慎選大名

現代社會所說的「黑心企業」，指的是勞動時間過長，薪資跟工作時間、工作內容不成正比，以及勞動條件惡劣的企業。其實在戰國時代，也許也存在著同樣的情況。

滿懷著雄心壯志，想要出人頭地的武士，如果侍奉到**「黑心大名」**，可能會面臨不堪負荷的軍役，或是低於法定標準的俸祿。不但出人頭地沒了指望，**一不小心就會慘遭被下令切腹的下場**，各種情況都有可能。

為了避免這樣的慘劇，大家得學習現代社會的上班族，培養分辨黑心大名的銳眼，這一點非常重要。請好好地研讀下一頁的「黑心大名特徵」，此外還要活用「簡易確認表」，判斷自己侍奉的主君是不是個黑心大名。

黑心大名常見特徵

✕ 時常發生人手不足、足輕不足的情況

黑心度 ★★☆☆☆

當戰爭迫在眉睫之際，如果大名發生人手、足輕不足的情況，就很有可能就是黑心大名。此外，也要特別注意部下離職率高的大名。

✕ 上司過於守舊，不相信新型武器

黑心度 ★★★☆☆

「不相信火繩槍這種最新兵器」、「執拗地堅持騎馬隊等傳統戰法」。得要留意這樣的大名。最好先事前調查看看這個大名旗下的軍制為何。

✕ 經常見風轉舵，牆頭草型上司

黑心度 ★★★★☆

如果上司上戰場就光速倒戈，就得特別小心。要確認上司是真的善於審度局勢，還是單純只是牆頭草或是花心症。

✕ 個性難以捉摸，動不動就放火燒村

黑心度 ★★★★★

每當敵我對立，立刻就下令對敵境放火燒村的大名，很有可能就是黑心大名。要謹慎觀察，大名的軍令是否合乎常識範圍。

辨別黑心大名的簡易三步驟確認表

☐是否經常發生權力霸凌

在召開評定時，是否會將部下往死裡踹，或是沒事就命令部下切腹。

☐論功行賞是否得宜

對於立下功績的部下，能夠公正地給予褒獎。論功行賞是否公開透明。

☐是否有與職位相稱的戰功

上司是否具備對應職位的戰功。或者只是官二代，或是一步一步被保送上壘的特權階層。

免於慘遭切腹命運的PDCA

在亂世脫穎而出的必備能力——計畫、執行、考核、改善

戰國大名不僅要攻打敵國、擴展領地、開墾荒地，提升領地的石高，還要處理內政、外交、策反敵人等瑣碎的工作，說不定跟現代社會辛勞繁忙的上班族沒有兩樣。舉例來說，早上像是沙丁魚罐頭那樣擁擠的通勤電車，感覺**跟打仗簡直沒兩樣**。換個角度來看，如果把現代上班族的工作方式導入戰國時代，也許可以大幅提高工作效率。

舉例來說，將**PDCA循環**套用在戰國時代，

有意識地活用「計畫」、「執行」、「考核」、「改善」四大循環，就能讓你遠離**切腹的風險**，甚至還可以顯著地擴大自己的領地也說不定。

常見的含淚切腹案例

- 讓上司從放著自己模樣木雕的寺院山門底下穿過（千利休先生）
- 鷹狩的活動被挑毛病，被指控假借鷹狩行謀反之實（豐臣秀次先生）
- 繼承人及接班問題引發了戰爭，偏偏還打了敗仗（柴田勝家先生）
- 被指控藉由飛箭傳書，將軍事機密洩漏給敵城將領（古田織部先生）
- 在大坂之戰選邊站，結果所屬陣營大敗（細川興秋先生）

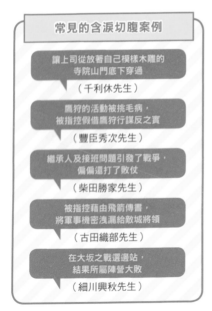

PDCA 具體實例

❶PLAN（計畫）

打算攻打哪個敵國？

透過累積的數據與實績，擬訂下一次的作戰計畫。

❷DO（執行）

合戰

依照訂定的作戰計劃，實際執行戰鬥任務。

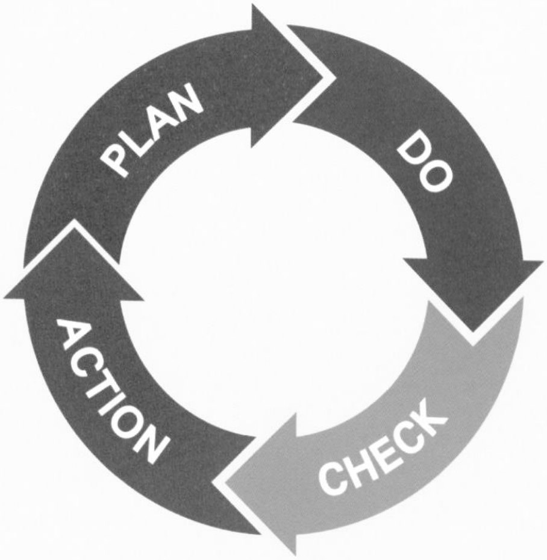

❹ACTION（改善）

加增·安堵·改易·減封

接受考核結果，分析優點、缺點來改進下次行動。

❸CHECK（考核）

評定

考核是否依照作戰計劃行事，確認作戰成果。

這個時候該如何是好？

竟然在重要的戰場上落敗！

就算面臨到慘敗的結局，也要以落敗武者的身分保全性命。將經驗做為下一次PDCA的參考。

上司命我切腹自盡！

如果不管怎麼做，都逃不掉含淚切腹的結局，反正也不會再有PDCA的機會，不如就爽快地切腹吧！

活用流程圖來出人頭地

將細項工作化為流程圖，便能清楚看到出人頭地之路

戰前的準備包含許多繁雜的細項工作，例如守城戰就是長時間的工程，還有像關原之戰那樣，牽扯到許多武將的專案。戰國時代不也跟現代社會一樣嗎？工作牽涉的進行層面越複雜、難度就越高。更別說是那些**跟火攻壓根沒關係，但卻燒得焦頭爛額**的麻煩案件。

比如說激戰過後，隔天**足輕臨時翹班不進城**；或者是熬夜修築城池時，**石材奉行精神崩潰發出怪聲大吼大叫**；又或者是**陷入好幾個晝夜的漫長守城戰**。正是因為狀況千奇百怪，更需要將工作拆分為細項來處理。足輕或是足輕大將、鐵炮隊、騎馬隊、軍師、武將、總大將，所有人都該依照自己的職責，建立「流程圖」。唯有人人都明確地訂定目標，才能在戰場或各種情況下合作無間。

在下一頁，我們將參考木下藤吉郎的「暖草履案例」，一起學習如何制定實戰流程圖。

流程圖案例「暖草履」

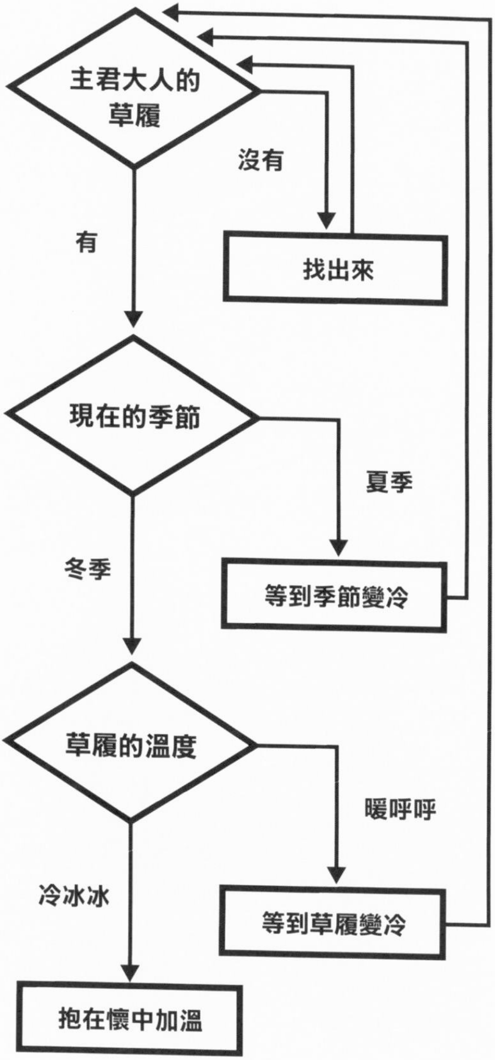
主君大人的草履
沒有
找出來
有
現在的季節
夏季
等到季節變冷
冬季
草履的溫度
暖呼呼
等到草履變冷
冷冰冰
抱在懷中加溫

將草履加溫之後的步驟

將草履抱在懷中，依照以下步驟執行作業。

①將草履抱在懷中加溫

②主君大人快到的時候，將草履從懷中拿出

③低調侍奉主君

④主君大人穿上草履

⑤主君大人發現草履竟然溫熱舒適

⑥主君大人詢問草履為什麼如此溫熱舒適

⑦將草履放懷中加熱之事稟告主君大人

↓

出人頭地！

前輩武將的心聲 ▶豐臣秀吉先生

comment

雖然是冷冰冰的草履，還是要忍住寒冷用力抱在懷中加溫！別忘記加上一句「是我加溫的喔」來宣傳自己。

專欄：其之1

title:

足輕上班族

提到「足輕」一詞給人的印象，不外乎是位階最低層的角色。但如果晉升成率領足輕隊的足輕頭，就可以拜領數百石的俸祿，就連天下人之一的豐臣秀吉，當年也是從一介足輕爬上來，説不定足輕並非是用過就丟的東西呢。換作現代的説法，秀吉大概就是從小學徒開始，一路累積實力成為社長的上班族代表人物。秀吉桑，想必你的加班時數一定很高吧！

比起秀吉這種「立志晉升系」的特例足輕，如同一般上班族平凡的足輕，還是佔絕大多數。這些上班族足輕，每天上戰場打卡上班，一邊喝著酒一邊抱怨上司武將，之後再用一隻手拎著長槍醉醺醺地回家。在新橋站附近，總有一些上班族，醉茫茫地把領帶綁在頭上發酒瘋。他們的形象，讓人不知不覺地跟解開髮髻、披頭散髮的足輕們重疊在一起。

以戰國時代為背景的電影與小説，足輕就像戰死也不足惜的免洗角色，讓人不禁感慨「足輕，果真過得很辛苦啊」。不過回過頭來看，禮拜六早上的繁華街上，喝醉酒的上班族們東倒西歪地躺在路邊，就好像是在週五的應酬夜戰中戰死的足輕。果然現代社會也跟戰國時代一樣嚴苛啊！

◎言語的活用法

在合戰與評定時必用的商業用語

這些詞彙你一定要記住，將武將基本用語練到滾瓜爛熟

和現代商務有許多專用術語以及表達法一樣，戰國時代當然也有合戰與評定專用的行話。聽到不懂的行話，露出**尷尬傻笑**的模樣點點頭，對方應該也會發現**「啊，這傢伙不懂裝懂吧」**。

為了不要露出如此醜態，一定要正確地掌握基本用語。不只可以讓交談更加流暢順利，如果能夠學會**流言蜚語**這種高度溝通技巧，更能領先別人一步。

一般商務場合常用的商務用語，當然要準確地理解用語的意思。特別是在**主君**面前，如果發生小小一個言語失誤，可能就會面臨**慘遭切腹命運**的下場。攸關生命的事得加倍注意。

好比像是**「策反」**、**「辭世之句」**、**「謀反」**之類的話，如果不慎口誤，可能就會遭到猜疑，甚至被命令切腹自盡。要說出這些話之前，一定要特別注意周遭的氣氛。

立刻派上用場的用語清單

用語	意思	用語	意思
領主	社長	遲參	遲到
兵卒	社員	城池	公司大樓
敵國	貴公司	石高	年收入
自國	敝公司	切腹	解雇
敵兵	客戶或交涉對象	夜襲	加班
評定	會議	辭世之句	辭呈
上様	上司	謀反	內部檢舉
箭書	電子郵件	背叛	轉行
仕官	就職	論功行賞	查核敘功

CHECK POINT

要注意，不能在大名面前口誤

在大名面前，要特別小心容易誤用的用語。小心別因為疏忽口誤，落得含淚切腹的下場。

關於南蠻用語，千萬不要過度使用

使用南蠻用語之前，要考量詞彙是否冷僻難懂。注意不要過度使用南蠻用語（請參考128頁）。

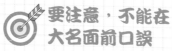

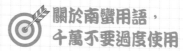

武將必讀的一本書

培養解決問題的能力、提升專業意識，王牌武將必讀的隨身寶典

具有高度專業意識的武將，與缺乏專業意識的武將，兩者差在哪裡呢？能夠在須臾之間下定決心謀反，或是懂得用體溫來加溫草履的外放型人才，這些人才與總是遲到、倒戈的人可說是天差地遠。要成為一個優秀的王牌武將，重要的是在平時的生活中，是否能抱持「身為武將」的自覺，以及是否有心在亂世中有所作為的專業意識。

要提升「武將力」，並非一朝一夕之功。平日就要用心經營，不斷地累積外界對自己的評價，並且提升俸祿。

現代社會，有許多商用書籍或是口袋書，記錄先賢或當代成功者的語錄以及經驗談，戰國時代也是如此。先進武將的金玉良言，暗藏著戰國時代的成功秘訣。統一天下的第一步，說不定就是從走進書店，然後拿起那些書去結帳而展開的也說不定。

驚天動地的謀反者，明智先生嘔心瀝血的傑作！

圖解

獻給明天就要下剋上的你

謀反力

明智光秀

AKECHI MITSUHIDE

謀反的成敗，九成取決於事前準備

不想等到抵達本能寺才在煩惱的

武將人手必備的寶典。

天正10年6月份 榮獲武將支持度 No.1之書！

羽柴秀吉、德川家康、真田昌幸…

全國諸大名都驚呆了！

第一次謀反就成功的92個秘訣

以「本能寺之變」掀起全日本熱議的明智光秀，為你獻上的奇蹟故事

衝擊事件的3天後緊急火速出版！

title:

參勤交代的通勤電車

如果把參勤交代比喻「通勤」的話，大概沒有比這個更累人的通勤過程了。從通勤距離來看，要說這是「外派」也不為過。因為參勤交代要定期往返領地與江戶兩地，我認為這可以說是「大排長龍的浩大通勤」。

上班族常抱怨「電車擁擠到讓人苦不堪言」、「通勤時間過長」等通勤問題，但是跟參勤交代相比，最起碼上班族在通勤的時候，不用扛著沈重的轎子，總而言之只要擠得上電車就能到達了。想到這裡，還是現代上班族比較幸運啊。

但是，現代人覺得是苦差事的參勤交代，對當時的人來說，其實說不定是個格外有趣的活動也說不定。離開故鄉，途中遊歷各地，與殿下和同事一起步行旅遊、晚上一起睡大通舖，眾人一同浩浩蕩蕩地往江戶前進。參勤交代說不定就像是當時的「員工旅遊」。晚上還能跟同僚輕聲閒聊戀愛話題。如果是這種風格的參勤交代，也許挺不錯呢。

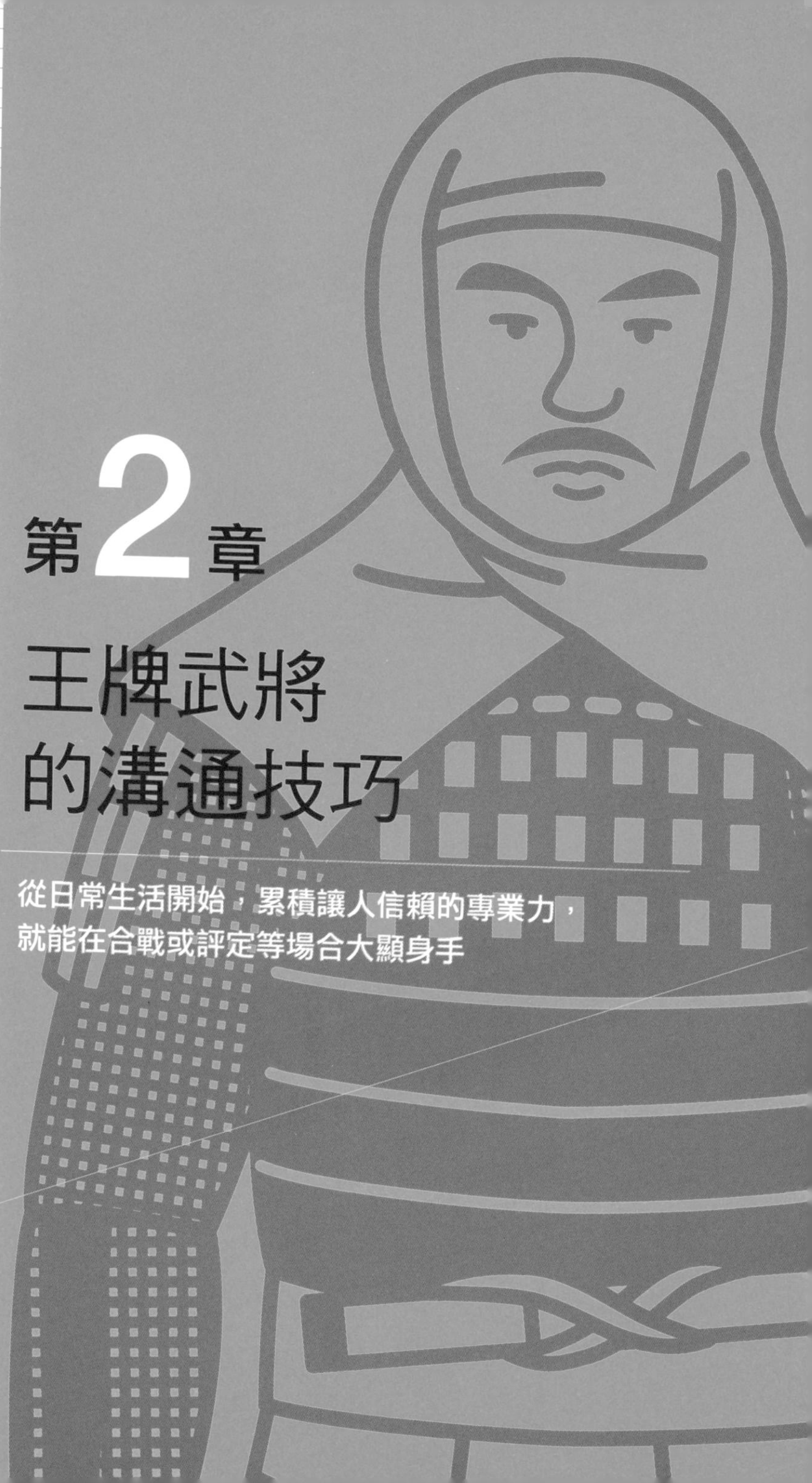

第2章

王牌武將的溝通技巧

從日常生活開始，累積讓人信賴的專業力，就能在合戰或評定等場合大顯身手

溝通的基礎

如何在關鍵時刻正確地報上名號

合戰的勝負取決於第一印象，以「報上名號」將戰況導向有利！

如同交換名片是商務會談的第一步，在戰場上碰到敵將時，**「報上名號」**的儀式也是非常重要，而且是武將必備的基本禮節。

如果不懂得報上名號的正確方法，不但會讓戰鬥無法順利進行，今後也很難扭轉敵將對自己的第一印象。就算是讓你覺得**「這種傢伙，我贏定了」**的對手，原本能在單挑中取勝的戰爭也可能因此落敗。

戰鬥時提昇士氣的戰吼，或是宣告勝利時的勝鬨，都要遵守規則以及禮節，切記避免引發敵將不必要的反感。

○ 報上名號要簡潔有力！

報完名號的瞬間就開戰了，要注意不要花太多時間報名號。反過來說，如果花費的時間比對手過短，反而顯得不尊重對手。儘可能配合對手的步調，調整時間長短。

× 不可襲擊正在報上名號的敵人！

在敵將自報名號時不能趁機發動攻擊，這是作為一個武將的基本禮節。雖說報上名號之後，難免想要速戰速決，但身為王牌武將，必須耐心將對手名號聽完再拔刀對戰。

如何在戰場上正確地自報名號

首先，音量要大，咬字要清楚。

將自己的姓名與職位正確地告知對方。

簡述自己的戰鬥經歷以及戰功。

單刀直入地說明開戰的正當性與參戰理由。

像是要一鼓作氣斬向敵將的氣勢（聲音也要宏亮）。

戰場上，這些事很重要！ 高喊勝鬨之時……

- 負責帶頭的人，音量要宏亮。
- 要抓準「嘿嘿～」與「喔～」的節拍。
- 騎馬的時候，要注意馬頭朝的方向（向東）。
- 避免太過輕蔑對手的話語與行為。

謀反時刻的問候方法

充滿緊張感的謀反時刻，最好使用簡潔明瞭的詞彙

「問候」是商務交流的重點，希望大家務必熟稔基本的禮儀。那麼，如果拜訪自己即將謀反的對象時，應該如何合乎禮儀地問候對方呢？就算是**下一秒就要往死裡砍的對手，大多還是曾經有所往來的人物**，如果跟對方還是上司與部下的關係，更要注意問候的重要性。

此外，就算是臨時起意的謀反行動，也要讓敵我雙方的士兵知道**「接下來要謀反了喔」**。這個關鍵時刻，將決定未來的方向，因此謀反前的問候只需**「簡潔」**地表達謀反之意便可。如同那句舉世聞名的「敵人就在本能寺」那樣，一開頭的問候語，往往就可能確立**謀反的成敗**，因此要熟記**謀反時刻的正確問候金句**。

○ 晚上不要音量太大

謀反經常在夜間發動，請注意不要太過大聲造成他人困擾。

✕ 取消謀反是不行的

進行謀反的問候之後還取消是不行的。請一定要下定決心，再行問候。

進入謀反之前的流程

①決定謀反的對象

▼

②進行謀反的萬全準備

▼

③前往拜訪預定謀反的對象

▼

④謀反前的問候

※有時因為情況不同，③與④的步驟可能會前後調換。

謀反時要使用簡潔有力的金句

▶傳達謀反意圖時，儘可能講求簡潔明瞭。首先以身邊事物作為開場白，能夠給予對方良好印象。謀反與「報上名號」及「勝鬨」一樣，聲音要洪亮清楚。

※金句範例

「自己」　「謀反對象」

從自我介紹開始…

「初次見面，我叫明智。敵人就在本能寺。」

從近況切入話題…

「上週，我們剛搬到新的城池。敵人就在本能寺。」

力求簡潔…

「敵人確實就在本能寺。」

用天氣當開場白…

「最近天氣突然變冷了呢。敵人就在本能寺。」

用興趣當開場白…

「您最近有舞能樂嗎？敵人就在本能寺。」

發送與接收飛箭傳書的要訣

善用便利的飛箭傳書約定拜訪時間，靈活掌握基本的使用法！

不管是交涉同盟或是調整議和的內容，要拜訪對方的城池之前、對方來自軍城池拜訪之前、亦或是武將間的拜訪之前，都需要事先約定拜訪時間。即便是在忙碌的現代社會，臨時拜訪**通常會被請吃閉門羹**的。

使用「飛箭傳書」約定拜訪日期時，務必要在箭書上寫明「何時」、「何地」、「何人」、「拜訪目的」，再將箭書射向敵軍。射出的箭文就無法修改內容，要仔細確認信中是否有錯字等問題。

除此之外，雖然戰爭時會因為戰場等因素調整箭書的內容，但是射向敵國的箭書**不可過於卑躬屈膝**，要記得維持**應有的矜持**來撰寫內文。

有可能無法送交對方

原則上箭書是利用弓箭來傳遞，如果箭矢沒射達目的地的話，內容可能無法傳遞給對方。

奇襲的情況下不可使用

如果箭書被其他人看到，奇襲的情報就可能走漏風聲，這一點必須要特別注意。

飛箭傳書的方法

- 內文力求簡潔，擇要點書寫即可。
- 務必在箭書上寫清楚姓名，國別，目的。
- 將箭書綁在箭矢上時，將寫著文字的那一面折在內側。
- 箭書要牢牢地綁在箭矢上，以免途中鬆脫掉落。
- 飛箭傳書時，注意不可朝著人發射。

接收飛箭傳書的方法

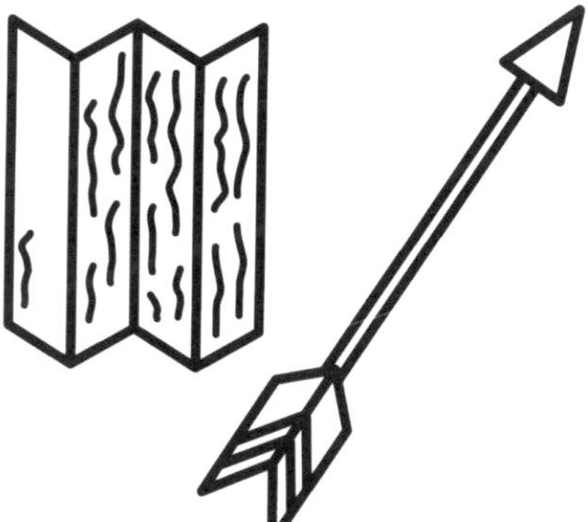

- 收到箭書之後，最好立刻確認內容。
- 如果箭書有指定收件者的話，不可隨意打開箭書閱讀內容。
- 為了保險起見，將收到的箭書歸檔保管。
- 箭矢可以回收，在戰場等場合進行重複使用。

從尊貴者到低階者，該如何正確稱呼對方

「大人」、「你」、「這傢伙」，隨著立場不同變更稱謂

在時代劇等作品中經常看到「おぬし」（你，指稱地位較低的對象）這種第二人稱表現。我想各位讀者應該都曾聽過惡代官的名台詞「你這人也是一肚子壞水呢」。由於這個台詞實在太有名了，讓人一聽到「おぬし」，就會不由自主地覺得**「好像正在跟一個壞蛋交談」**。現代的商務會話，我們會因為立場以及情況，選擇使用不同的稱謂，在戰國時代自然也是如此。

面對領地內的關係人士、外來分子、處於敵對關係的人、宿敵等等，只要懂得依照不同立場使用適當的稱謂，就能順利地執行**同盟**或是**策反**。如果用錯稱謂，可能會斷送飛黃騰達之路。如果侍奉性情激烈的主君，更要注意不可失禮，要嚴謹地使用正確的稱謂，來保住自己的小命以及地位。

體驗小插曲

這種稱呼方法可能是麻煩的前兆？

以往我與同事一起參加會議或評定時，上司曾經用綽號「金柑頭」稱呼我的同事。當時雖然沒有發生什麼問題，但是後來竟然發生了謀反事件，我也急忙趕回京都善後……（H柴H吉）

稱謂與立場的相對關係

較禮貌，對地位高於自己的人

↓

較隨性，對地位低於自己的人

稱呼方式
大人
殿下
御館大人
您
閣下
那一位
諸位
你、你們
這傢伙、這群傢伙
小子、小子們
小童
那東西、那群東西們

檢查稱謂是否適當的要點

- □對方的年齡比自己長或幼
- □對方的家世與家格比自己優或劣
- □對方跟自己是否有血緣關係
- □對方是敵方還是我方人士

面對高階武將所使用的日常敬語

依照評定或是合戰等不同場合，請記得要謹慎地用字遣詞

在商場上，為了讓工作能順利完成，「**敬語**」可說是基本且重要的禮儀，這一點在戰國時代也是一樣。就像上班族看到社長會緊張一樣，武將看到主君時，當然也會戰戰兢兢。話雖如此，如果**緊張到頭都不敢抬起來，反而顯得失禮**。平時就應該注意行為舉止合乎禮節，並細心留意用字遣詞以及敬語用法。

戰國時代，在許多場合都會要求一定要使用正確的敬語。比如問候大名或主君之時、戰場傳令之時、出使締結同盟或是傳達斷交之意等場面。如果不能依照TPO並考量立場來使用正確的敬語的話，可能會招來**降格、流放外島、切腹**等等下場，或是**遭受敵國攻擊或陷入包圍網**，也有可能會**中了敵人的奸計**，讓措辭成為催生這些風險的要因。

為了實現出人頭地或是統一天下的目標，從日常生活開始使用正確的敬語，就是該踏出的第一步。在元服之前，請好好地學習戰國敬語吧。

日常生活經常使用的敬語表現

一般說法	表示敬意的表現法
出陣	揮軍出陣
切腹	切腹自盡
背叛	擇木而棲
那東西發瘋了	殿下失心瘋了
笑死人了	滑天下之大稽
立功	建立功勳
沒面子	顏面塗地
感謝	感激不盡
確實如此	確實如您所言
同感	感同身受

戰勝也要綁緊盔帶	光榮得勝之後，也請務必記得將盔帶綁緊。
人為城、人為石垣	支撐社稷的棟梁宛如城牆、宛如石垣般重要。
一支箭矢容易折斷	敝人的管見認為，單支箭矢可能輕易被折斷。
滅卻心頭火自涼	在下認為，如果能夠消除心中的無明之火，無處不是清涼境界。
其疾如風 其徐如林 侵略如火 不動如山	在下舉一個例子給您做參考。軍隊行軍時要疾風般迅速，徐行之時要如森林般肅穆，發動攻擊時要如同烈火一般猛烈，駐軍之時如同山岳一樣穩重，請殿下參考。

CHECK POINT

就算身處戰場也要記得使用敬語！

比起平時的商務場合，雖然戰場上不需要那麼多繁文縟節，但還是要注意使用最起碼程度的敬語。

在暢所欲言的場合也不能失了分寸

即使上司讓人不拘小節、暢所欲言，也不能夠傻傻地照單全收。必須保持基本的應對禮儀。

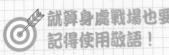

title:

時髦的枯山水

參觀寺院的時候，經常會看到「枯山水」。所謂的枯山水，是用岩石或是砂礫，表現出風景的庭園設計，例如用白砂描繪出波浪的樣子等等。枯山水的魅力之一，便是省略多餘的元素，用抽象的方式表現出「減法美學」。這種「剪掉多餘」以及「刻意省略」的風格，我想意外地符合現今社會的美感。

舉例來説，「完全不放傢俱的混凝土極簡風房間」或是「簡約穿搭風格時尚」，都讓人覺得很有品味。無論是處於亂世的室町時代，或是現代社會，將時髦與討喜的元素濃縮到極致，以單純而洗練的方式來呈現的話，最終成品説不定就像是枯山水吧。

雖然身處不同領域，但茶聖千利休的服裝，越看就越覺得像是簡約穿搭，如果看著他的形貌，就會忍不住讚嘆「真是品味出眾的文人雅士呢」，真是不可思議。

感覺你應該也會去星巴克品味咖啡吧，利休桑。

謀反時使用的敬語

發動謀反，或是遭受謀反的人在各種情況的禮節與言詞表現

如果想在戰國亂世打響名號，或是想宣示逐鹿天下，「謀反」是非常有效的手段之一。但是因為是以家臣身分對自己的主君或上司高舉反旗，因此還得要處理多如牛毛的**細項工作**。正因為謀反是一件非常繁雜的事，所以要評斷武將或是大名的器量，就要看他是否有餘力使用標準的敬語。

在謀反之時，措詞與語尾表現經常會變得激動。而遭受謀反的那一方，為了不要留下憾恨，

在對答之時不可被情緒干擾，必須有意識地提醒自己使用正確的敬語。對發動謀反的人來說，對手再怎麼說也是自己的前任上司，必須記得使用最起碼程度的敬語，這一點非常重要。

下一頁我們將以「本能寺之變」做為範例，介紹具有實戰性的敬語慣用金句。今後想要謀反，或是覺得可能會遭受謀反的人，請將自己帶入情境練習看看。

謀反時的敬語使用表現範例

一般說法	表示敬意的說法
敵人就在本能寺	敵人現正位於本能寺
來者何人	不好意思，方便請教您貴姓大名嗎？
看來那人是明智	如您所見，是明智大人
城之介暗藏別心（謀反）嗎？	您是指城之介大人謀反了嗎？
無關是非	如您所說，此事無關是非
趕緊撤退	真是非常抱歉，勞駕您盡快撤離此處
人間五十年，與天界相比，宛如夢幻	依照敝公司的比較結果，人生在世的五十年，在天界只是一個晝夜，想起這一點，真讓人感到虛無

此為鐵則！

① 首先，請別因為謀反而慌張

在謀反之際，經常發生雙方都容易慌張失措的情況。首先要冷靜下來。

② 就算寺院失火也不要亂了手腳

有時寄宿的寺院會陷入火海。切莫慌張、宜冷靜行動。

向天下人學習敬語

無官職的武將，切忌不可與天下人使用相同的言辭表現

有一首以**「如果杜鵑不啼」**為開頭的有名川柳，表現出織田信長、豐臣秀吉、德川家康這三位天下人的個性。相傳加藤清正曾吟「傾耳聆聽吧，在我的領地之內，悅耳杜鵑聲」。但是這首川柳的知名度之低，跟三位天下人比起來，讓人覺得羞恥到**無地自容**。

正因為這些天下人號令著全國的大名與武將，他們的一言一行對於戰國武將影響深遠。想必有許多自我感覺良好的年輕武將，會把**「我以信長公為目標！」**掛在嘴上吧。

正是因為他們站在天下的制高點，因此才說出符合天下人身分的話。如果是一般的大名或武將，為了不要在地位更高的大名或是同僚武將面前失禮，要有意識地思考自己的立場，使用適當的言詞表現。

沒禮貌程度
快速檢查表

越高越失禮！

「殺了」

「逗牠叫」

「等待」

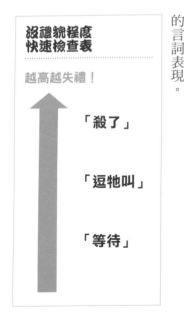

天下人金句的優良範例・不良範例

✕ **杜鵑不啼叫的話耐心等牠叫**

○ 倘若杜鵑不啼叫的話，
煩請稍待一會如何呢？

等待客戶（杜鵑鳥）回答之前，要先得到客戶的同意。如果正在拜訪客戶的城池等場合，最好在不打擾對方工作的地方等待。

✕ **杜鵑不啼叫的話嘗試逗牠啼叫**

○ 倘若杜鵑不啼叫的話，
我們會在今天提出替代方案。

如果客戶（杜鵑鳥）不同意，要另外提其他方案或替代案時，一定要說明「將在幾月幾號之前」提案。如果能明定時間會更好。

✕ **杜鵑不啼叫的話就殺了牠**

○ 倘若杜鵑不啼叫的話，
想必是這次沒有緣分吧。

「殺了」這種話，只有天下人有資格說。重點是記得改用「這次沒有緣分」之類的委婉表現方式。

CHECK POINT

即使是天下人，也有優缺點

就算是天下人，也不一定處處都值得學習。重要的是，學習如何分辨優缺點。

發言之前要顧慮到杜鵑鳥的感受

天下人對於杜鵑鳥品頭論足之時，如果能夠注意杜鵑鳥的感受來發言，對於提高好感度很有幫助。

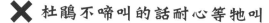

如何善用留言便條紙傳達重要遺言

傳達「隱瞞我的死訊三年」留言時要正確記錄姓名及數字

武田信玄生前留下了**「隱瞞我的死訊三年」**的遺言。雖然此事真偽不定，但是信玄過世的消息，立刻就傳遍大街小巷。像信玄這樣充滿存在感的武將，他的死訊當然是**紙包不住火**。話雖如此，身為一名武將，必須學習如何將重要的留言，正確地傳達給相關人士，就像是傳達信玄遺言那樣慎重。

使用**「留言便條紙」**，轉達像是「隱瞞我的死訊三年」這樣的重要訊息時，不僅要寫清楚主旨，也必須將地點、人名、時間、數字，毫無差錯地筆記下來。特別是有些武將的名字經常被搞混（只有一個字不同）。傳話的時候，用字也要正確無誤地記錄下來。

為了將留言裡的重要事項，完整地記錄在和紙或是卷軸裡，最好事先訂立制式規格。只要領地內都使用制式規格，就算臨時發生了奇襲**（正因為讓人措手不及，所以才叫奇襲）**，也能運用制式格式來傳達軍情。

留言便條紙的正確寫法

✕ 失敗範例

轉達 勝賴 殿下
來自 信玄 殿下的留言（山本接收）

月 日 15點 左右

□稟報事項
□飛箭傳書
□前來拜訪
□交代遺言

memo

隱瞞我的死訊三年

○ 優良範例

轉達 武田勝賴 殿下
來自 武田信玄 殿下的留言（山本勘助接收）

4 月 12 日15:02 ~~左右~~

□稟報事項
□飛箭傳書
□前來拜訪
✓交代遺言

memo

在三河街道督軍的武田信玄殿下，於15:00時交代遺言。

信玄殿下表示「隱瞞我的死訊三年」，再行發送訃聞。

以上，煩請鑒察。

掌握下列要點，快速又正確地撰寫留言

□在姓名欄正確地記錄傳話者全名
□詳細記錄傳話地點以及時間
□盡可能補充前後時序的狀況
□避免使用華麗的行書體，改用適合閱讀的書寫體
□小心管理留言便條紙，以免不慎洩漏軍機

如何撰寫「樂市・樂座」的社內公告

向領地民眾廣發文書通知時，要考慮發生一揆風險的可能性

所謂的樂市・樂座，相傳是織田信長所發布的著名方針，指的是推行「自由交易市場」的政策。就算擁有專賣特權的座商人，他們的特權在此時也不管用。從內容來看，這是一個非常認真的行政命令，但是因為名稱帶有個樂字，總讓人覺得**這好像是個歡樂的活動**，真是不可思議啊。

過去經常會在立札等處張貼政策或是命令以發布公告。而戰國時代也跟現代商場在公佈欄張貼社內公告時一樣，必須要用心製作簡潔易懂的公告。

首先要按照順序，明記傳達對象、發布命令者、發布時間、主旨（標題）、內容、詳細資料，千萬不可遺漏日期、場所等重要事項。特別是樂市・樂座政策，會損害到座商人原有的特權，必須謹慎斟酌用字遣詞。

除此之外，頒布緊急命令可能會帶來**一揆**（民眾起義）發生的風險，盡可能地預留緩衝時間，提前公布為宜。

發布社內公告的範例～以「樂市・樂座」為例～

全體領民　知悉
織田信長　頒布

永祿10年10月3日

實施「樂市・樂座」政策通知

公告領內所有民眾，自樂市・樂座政策實行起，將全數取消座商人的特權，如獨佔專賣權、免稅權等特權。

其次依照以下要領，呼籲所有座商人解散座，並參加自由交易市場。期許諸位開發新型態交易，建議諸位宜踴躍參與。

以上，請查照。

1.名稱：樂市・樂座
2.日期：永祿10年10月3日起實行
3.場所：全國的織田領地境內

負責人　織田信長

CHECK POINT

避免張貼在容易被雨淋濕之處

在寺院或是城中張貼社內文書時，即使是在建築物的屋簷下，也要記得挑選不易被雨淋濕之處。

避免使用插圖以免模糊焦點

就算是活動公告也一樣，只要是在社內張貼公告的時候，都要盡量避免使用插圖。

確保名槍不被奪走的酒席禮儀

因為喝得醉醺醺而失去名槍……從「黑田節」學習酒宴的注意事項

俗話說「貪杯誤事」，這句話在戰國時代也通用。無論是來自上司或同事的邀約，或是邀請部下去喝一杯，只要能夠善用酒宴，不僅能夠消除工作累積的疲勞，還能夠加深彼此的情誼，酒宴確實是非常有效果的交流方法。與戰場上一同出生入死的夥伴，敞開心胸痛飲，就算醉醺醺地脫到只剩一條兜襠布，隔天**還在宿醉狀態下參加合戰**，說不定還會被認為是獨當一面的戰國人。

反過來說，如果不能遵守酒宴最低限度的禮儀以及分寸，恐怕反而會搞砸與對方的關係。酒宴上的戲言與口頭約定，經常引來意想不到的後果，甚至可能因為一個不留神，演變成**家寶也被對方拿走**的慘劇。有名的福岡民謠「黑田節」，就是描述福島正則在酒席上隨口輕諾，導致家寶「日本號」長槍，被黑田長政的家臣母里友信贏走的慘痛教訓。

為了避免重蹈覆轍，在各位享受酒宴之時，務必要注意以下幾點。

從民謠黑田節中學習，飲酒作樂時的注意事項

黑田節

酒喑喝吧喝吧
乾完這一杯
就賞你日本第一
的名槍
越是放懷痛飲
乾完這一杯
這才是真正的
黑田武士

✕ 切忌飲酒過量，保持分寸飲酒

✕ 不要拿出巨大的酒杯來拚酒

✕ 不要說出「黑田家的人喔…」這種批判對方頂頭上司的言論

✕ 不要信口開河「乾完這杯，你要什麼都給你」

✕ 不要用「連這一杯都不敢喝嗎」這類言語刺激對方

✕ 不要將上司賞賜的名槍拿出來獻寶

此為鐵則！

① 先衡量對方的酒量

要跟別人拚酒之前，先衡量對方酒量的深淺，再來拚輸贏比較好。

② 即使是酒醉戲言也要一諾千金

就算是喝醉酒才許下的諾言，已經將長槍送出，就不能事後反悔。

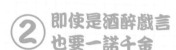

贈送伴手禮或鹽時的注意事項

著伴手禮，拜訪鄰國及其主君。這時候就要慎重考慮對方的狀況以及兩國之間的關係。

如何挑選贈送給宿敵的贈禮以及送禮前應注意的要點

商務場合中，經常需要帶著伴手禮，前往對方公司道歉或是賀年。此外還有年末問候、年中的中元問候等等，要挑選什麼伴手禮，正是**考驗公司承辦人員品味**的時候，盡可能挑選上得了檯面的伴手禮吧。若是要賠罪或是道歉，更需要多用點心準備。不過身為一個上班族，**「挑選道歉用伴手禮的品味」**，想必是**最不想培養的品味之一**吧。即使身處在戰國時代，**向援軍表達感謝、慶賀元服之禮、戰敗後的賠罪**等場合，難免都要帶

來自現場的聲音

▶T田S玄先生

comment

若能收到這種伴手禮真的會讓人打從心裡高興

老實說就是「鹽」了。因為我的領地不靠海，如果鹽的供給被截斷的話，就會陷入存亡關頭。在這麼糟糕的情況下，能夠收到「目前最需要的東西」真的讓人非常開心。果然人人都需要一個棋逢敵手的宿敵啊（笑）

準備伴手禮時的注意事項～贈鹽與敵的情況～

1 對方是否處於缺鹽危機

要贈鹽之前，先確認對方是否因為道路被封鎖等情況，導致處於缺鹽狀態。

2 對方的領地是否靠海

就算對方處於缺鹽的危機，如果對方領地靠海的話，最好打消贈鹽的念頭。

3 與對方是否是勁敵的關係

如果要贈鹽的話，最好是本國與對方處於勁敵的關係。（此為推薦情況）

4 是否有鹽可送

贈鹽與敵之前，首先要確認領地境內，鹽的庫存量是否充裕。

此為鐵則！

① 所謂過猶不及，贈禮適量為佳

即使對方再怎麼缺鹽，也不能贈送過量的鹽。必須斟酌適當的數量。

② 避開四之類不吉祥的數字

注意贈禮的數量，不要送包含「四」等諧音不吉祥數字的贈禮。

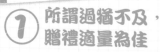

謝罪與致歉

向武將學習謝罪的慣用金句

從下跪道歉到切腹負責……失敗時正是考驗武將的價值之處

工作上的失敗，不但會造成公司的損失，也會貶低自己的評價。但是戰國時代遠比現代社會更嚴苛，人們大多認為**「失敗＝死」**，還會被貼上**漫不經心**的標籤。但是話說回來，**現代人或是戰國人都只是凡人**。發生無心之過或是大失敗，也是在所難免。重要的是，坦誠自己的錯誤並且誠懇地道歉，並研究失敗的原因以利於追求下一次的成功**（如果還有下一次機會的話）**。

處理失誤的基本流程，首先要向自己的上司大名或武將報告，接下來對於失誤提出賠罪以及反省，檢討失敗的原因並研究防範措施。雖然說敗戰或是背叛，在戰國時代**相對來說是家常便飯之事**，但就算認為是「不過是芝麻蒜皮的小事……」，為了避免留下壞名聲，還是必須要慎重地謝罪才好。下一頁將向各位介紹謝罪時經常使用的金句，請務必熟記在心。

在不同情況下，經常使用的謝罪慣用金句

戰爭
出現頻率：★★★
這次在戰場上給閣下帶來如此嚴重的麻煩，在此向您道歉。

謀反
出現頻率：★★☆
由於我的謀反，給閣下帶來莫大的困擾。在此向閣下致上深深的歉意。

背叛
出現頻率：★★★
這次的背叛行為，嚴重損害彼此的信賴關係。實在是深感抱歉，在此向閣下致上最大的歉意。

遲到
出現頻率：★☆☆
這次因為我的遲到，給閣下帶來許多困擾。在此向閣下道歉。

白目
出現頻率：★☆☆
我竟然在葬禮會場犯下撒香灰這種白目行為，在此深深地向閣下致上萬分歉意。

CHECK POINT

考慮切腹之前先好好謝罪

戰國武將一旦犯錯之後，往往就想到切腹，但應該先思考如何向對方謝罪才對。

還有出家等等選擇

關於謝罪的方法，除了切腹之外，還有出家等許多替代方案。（參考下一節）

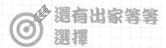

需要切腹・不需要切腹的各種情況

依照疏失與失態的程度，研擬事後的謝罪應對法

從無心之過到影響公司業績的重大失誤，依照疏失的嚴重度以及內容不同，謝罪應對的方法也有差別。即使是**「下跪道歉」**這種傳統老派的謝罪方法，也要慎選使用時機才行。

戰國時代的謝罪，小從雞毛蒜皮的失誤或無心之過，大到影響決定天下局勢的大戰，在不同的情況下，謝罪應對以及致歉的方法當然也不同。**如果只是小失誤就嚷嚷著要切腹**，或是對於重大失誤卻只有口頭致歉，這樣的行為不但會讓對方武將產生反感，甚至還會雪上加霜地給人失禮的印象，請務必注意。

至於要如何選擇適當的謝罪應對方法呢？請先向自己頂頭上司的武將、大名、主君、征夷大將軍報告失敗的內容，再請上司來裁斷為宜。

謝罪程度地應對表

疏失的程度	疏失範例	應對方式
輕微	平日業務上的疏失	口頭或是書面道歉
稍有影響	戰場上輕微的疏失	帶著道歉信登門致歉
造成一定範圍的影響	戰場上袖手旁觀、遲到	下跪道歉
造成廣範圍的影響	敵對、背棄同盟	隱居、出家謝罪
重大且致命的影響	謀反，戰場上倒戈、逃亡	切腹謝罪

此為鐵則！

① 檢討失敗的原因

「當初如果無視上田城，就不會在戰場上遲到了」。一定要像這樣探討失敗原因。

② 武士一諾千金

信守諾言是武士的基本原則。沒得挽救的話，就像個男子漢那樣切腹吧。

如何善用社交軟體執行外交

如果同僚要用社交軟體張貼大名聯姻相關文章

ＳＮＳ（社交軟體）廣泛地被世人使用。只要學會使用法，不但可以知道故鄉老友的近況，也能跟朋友討論能劇、茶道等嗜好話題。如果在社交軟體上，把工作上有交集的大名、同僚武將都加入好友以後，要抱持怎樣樣的態度來交流呢？

雖然劃清工作領域與私領域也是一大要點，但是如果懂得活用ＳＮＳ的話，無論在戰場或是城內的奉公，都能產生更好的效果。善用ＳＮＳ的話，還能夠了解競爭大名的情報、戰場上最新潮的流行趨勢、認識在野武將、與同僚武將交流情報等等，有著種種好處。

舉例來說，如果同僚武將在FACEBOOK上，轉貼一篇「大名聯姻文」。如果在這時候超脫同僚武將的立場，就像是跨越「工作」這座城的水堀與石垣，單純以朋友的身分按讚，再留下祝福的留言。這不也是一件美事嗎？

以FACEBOOK公開結婚情報的範例

阿市夫人

5分鐘前　近江國

各位辛苦了，我是阿市。

我想藉著這個機會，向各位報告。我與近江的淺井長政，於永祿10年9月2日舉辦了一場溫馨的婚禮。

這次的婚禮，感謝美濃福束城主．市橋長利先生居中撮合。因為有許多的親友及長輩的祝福，我與夫君長政，才能順利地踏入婚姻的殿堂。

藉著這次的婚禮，淺井與織田兩家締結了婚姻同盟關係。相信以兄長織田信長為首，織田一族全員也甚感欣喜。

雖然這次的聯姻，被世人揶揄是政治婚姻。但今後我們夫婦二人將同心協力，一起在戰國亂世中攜手向前行。

行文至此，最後我有一事稟告夫君長政「今後也盼望您多多關照」。

—戰國新聞— 淺井長政與阿市夫人宣布成親，兩國締結同盟

織田家的阿市夫人與淺井家的淺井長政，於永祿10年9月2日宣布結婚。兩國也同時在各自的官網上發表了締結同盟的消息。

news.sengoku.gdi

淺井久政先生　和其他12,920人說讚

title:

桶狹間的驚喜

今川義元在桶狹間之戰遭逢奇襲那一刻，說不定還覺得自己碰到了突如其來的整人實況秀，或是網路號召的快閃活動。提到日本三大奇襲戰的「桶狹間之戰」，以織田信長的角度來看，這可真是一場痛快的大勝利，但是從今川義元的角度來看，這場戰爭確實是難以置信的大敗戰。

織田軍趁著豪雨發動奇襲（有人說是奇襲時正好下大雨，也有人說奇襲前不久下的雨）。有一說認為，擁有壓倒性軍力的今川義元陣營，這時候正在享受酒宴。如此傳奇又精彩的奇襲戰場景，讓人很想畫成一張圖，裝飾在玄關展示給客人看。沉浸在歡樂氣氛的今川義元，遭逢奇襲的當下，說不定會覺得「難道是整人實況秀？」、「這是誰安排的驚喜活動？」。也許義元當下還會（用公卿貴族的口吻）說「麿的生日還沒到耶～」。

軍營內的篝火突然熄滅，本陣陷入一片黑暗。面對突如其來的變化，義元不禁慌了手腳，這時義元的耳邊突然傳來「Happy Birthday to you」的旋律。只見一路上相互扶持的家臣們，小心翼翼地搬來插著蠟燭的年糕。恍然大悟的義元，不禁露出了微笑。如果在平行世界的桶狹間，會發生這樣的事情就好了。

第3章

藉由工作規矩，創造自己與競爭武將的差異

用商業文書或信件文字來一決勝負，
展現出平日在城內奉公執勤的成果

面對上洛勸誘電話的應對法

以堅決的態度來回絕喋喋不休的上洛電話行銷及推銷

想必各位都曾經歷上班時接到**電話行銷**的經驗吧。通常只要禮貌回絕就能解決，但有時難免會碰到**死纏爛打的電話行銷**。提到戰國時代的電話行銷，無非是推銷火繩槍或武器鎧甲、戰馬之類的銷售宣傳、以及詢問是否有興趣參加某軍師的原創戰術說明會、或是打來邀請你參加上洛。各位在城內奉公值班的時候，更要熟悉電話行銷的應對之道。

如果對方推銷你不需要的商品、或是行銷說明時，就以堅決的態度來拒絕對方吧。例如**「我方不用火繩槍這種東西」**、**「堅決婉拒任何同盟邀請」**。

另一方面，如果碰到**德川家康親自打來的上洛邀請**，由於這通電話行銷的背後存在著雙方在國力及軍事力量的差距，更要慎重地應對。若是無法答應對方的要求，就要抱持著決心，將對方的說詞一一反擊回去。接下來就以直江兼續回絕德川家康的例子，來學習堅定拒絕的話術。

如何拒絕德川家康打來的上洛電話行銷～以「直江狀」為例～

❶你對上洛有興趣嗎？要不要嘗試上洛呢？

❷不久之前，我們奉命轉封領地，那時就上洛過一次了。況且目前路上積雪，無法上洛。

愛

❸聽說你們正在收集武器？
想必對謀反很有興趣吧？

❹我們這些鄉下武士，除了武器之外沒有其他收藏品。對於謀反，實在是一點興趣也沒有。

愛

就算打來的是家康也要堅定拒絕
即使對方擁有強大的影響力，也要堅決回絕對方的刁難。

❺你們對造橋鋪路很有興趣吧？
這跟謀反也有關係喔。

❻單純只是要提升交通便利度而已，沒有其他原因。我想這跟謀反沒有任何關係。

愛

❼真的對謀反沒興趣嗎？
要不要再考慮看看？

❽絕無此事。今後請不要再提這些違反太閤殿下遺言的話了。

愛

拒絕對方，也要有相應的覺悟
如果對方握有強大的實權，很有可能因為這通電話發兵攻來。

面對通報奇襲的緊急聯絡對應法

就算戰事一觸即發 也要迅速地將情報傳達出去

戰國時代經常面臨一觸即發的戰爭，例如以奇襲聞名的**「桶狹間之戰」**、或是敵我兩軍在濃霧中強碰的**「川中島之戰」**。在這種緊急情況，就像商務的危機處理以及緊急應對法一樣，首先要迅速地將消息傳達給相關單位。像是「本能寺之變」這種深夜時段的緊急應對，如果有**深夜出勤津貼**自然最好，不過還是要把生命安全放在第一順位。能否度過難關，關鍵就在能否迅速地發布緊急聯絡並且做出應對。

抄收緊急聯絡的時候，首先不可慌張，要沉著地依照左頁要領，聆聽並記錄相關內容。**千萬要記得確認敵軍的旗幟**。當遭逢謀反或是其他緊急事故時，宜立刻**大聲地向君主示警**。

來自「本能寺之變」現場的聯絡體制及處理流程

①森蘭丸察覺到不尋常騷動
↓
②森蘭丸確認寺院外的旗幟
↓
③森蘭丸將情報稟告給信長
↓
④織田信長掌握情況
↓
⑤織田信長指示應對方法
↓
⑥軍事應對
↓
⑦敦盛應對
↓
⑧切腹應對

抄收緊急聯絡時的處理流程

STEP1 首先端杯水給報告者

↓

STEP2 聆聽與記錄

開戰的情況	通報奇襲的情況	友軍倒戈的情況	謀反的情況
・何時 ・何處 ・敵國是誰 ・前鋒是誰	・何時 ・何處 ・奇襲對象 ・奇襲的戰況	・何時 ・何處 ・倒戈者是誰	・何時 ・謀反者是誰 ・有沒有脫逃的可能

↓

STEP3 通報上司武將或大名（大聲示警）

重點要訣

無論軍情的緊急度高低，都不可擅自擱置情報，要立刻向上司報告。如果遭逢謀反，除了通報上司之外，也要同時準備武器備戰。

提交給主君的日報撰寫法

採用日報的文書格式，回報暖草履的進度跟成效

在豐臣秀吉還名為木下藤吉郎的時代，他曾將織田信長的草履擁在懷中加熱。這麼細心奉公的小故事，可說是廣為人知。但是話說回來，如果信長**完全沒發現這件事情**，那該怎麼辦？如果信長的反應只是**「今天的草履，好像比較暖耶」**，完全沒注意到秀吉細心地將草鞋加溫的話，也許秀吉的發達之路就化為泡影了。

有鑒於此，秀吉可以利用**「日報」**的方式，將每天努力奉公的成果提交給上司，上司也能透過日報確認部屬的工作進度。日報的用處，是用來報告當天的業務內容以及成果。但對想要出人頭地的當事人來說，日報不只能用來掌握工作進度，重要的是可以拿來確認自己努力向上的成果。撰寫參戰日報時，先回想自己的行動以及功績，最好具體記錄**取得首級等戰果**的數據。除此之外，也可以將下一次合戰的課題以及目標，一起寫在日報中，督促自己抱持精進向上的意念。

下一頁將以木下藤吉郎的日報為例，觀摩如何撰寫完備的日報。

提交給主君的日報撰寫法

業務日報

部門	織田家　草履管理部
姓名	木下藤吉郎

木下　織田

今日目標
把握最好的時機，將草履呈給御館大人
用心思考如何讓御館大人舒適地穿上草履
創造具有個人特色的草履呈交手法

時間	業務內容	備註
6：20	出勤	
6：30	確認御館大人當日行程表	
6：50	清潔草履	
7：00	等待御館大人（將草履抱在懷中加溫）	
9：20	呈交草履給御館大人	
9：30	隨同御館大人視察領地	
11：30	午餐	
14：00	午休後，隨同御館大人視察領地	
17：00	歸城	
18：30	修繕維護草履	
19：10	確認隔日行程表，撰寫日報	
19：20	結束一天的草履呈交業務	
20：10	下班	

回顧、反省、課題、目標
用體溫來加溫草履乙事，獲得評價回饋 追求精準度，將草履加溫到更舒適的溫度（目標為人的體溫） 以出人頭地為大方針，訂定更具體的目標

CHECK POINT

記得閱讀其他武將的日報

記得一定要閱讀其他同僚武將的日報，時時掌握對方的奉公進度。

別忘了請上司蓋章

提交辛苦撰寫的日報之後，記得要請上司蓋章核可才算完成。

贈鹽與敵時的簽收單撰寫法

活用「簽收單」的基本格式，確認贈鹽是否安全送達對方處

提到上杉謙信和武田信玄，有一個**「贈敵與鹽」**的逸話非常有名。但是話說回來，謙信要怎麼確認，自己餽贈的鹽已經送到信玄手中呢？現代的商務場合，無論是寄送貨物、傳真、或是信函，都會附上一張**「簽收單」**。就算只寄一封信，卻還是再加上一張簽收單的話，不禁讓人覺得**「真的需要這張東西嗎？」**。其實簽收單非常重要，裡面不僅記載著文件摘要、張數，還有防止遺漏寄送等效果。

戰國時代的商務場合，無論是運送物資、獻上禮品，或是飛箭傳書，都需要附上一張簽收單。因為可能會遭遇**被敵兵半途攔截，或是被土匪搶奪**等風險，未必所有的贈禮都能安全送抵對方。萬一貨物發生短缺，也能核對簽收單內容來確認數量。今後請大家也要記得附上簽收單喔。

贈鹽與敵時的簽收單

甲斐國
武田信玄殿下

越後國
上杉謙信

餽贈食鹽事宜

鈞鑒

欣聞貴國運勢蒸蒸日上，甚感欣喜，藉此機會敬表慶賀之意。平日承蒙貴國的眷顧，謹致上衷心謝意。

言歸正題，茲奉上物資如下，敬祈笑納。盼尊駕查收之後，撥冗簽核為幸。專此候覆。

敬上

內容物

鹽　　一國分

以上

盡可能明記對方武將的姓名

關於貨物的物流，通常會將貨物依照城池分類，再一併集中寄送。最好在收件欄位寫上收件武將全名。

刀狩令企劃書撰寫法

為什麼要民眾繳交武器呢？必須在企劃書之中闡明目的

所謂的**刀狩令**，是安土桃山時代時由豐臣秀吉下令，要求百姓繳交刀、槍、鐵炮等武器，藉以推動兵農分離的政策。公告的說法是，要把武器鎔鑄成為鑄造大佛的材料，要求百姓滿懷感謝地參加這件功德無量之事。但是這番說詞，**怎麼看都像是誆騙農民的詐欺行為**。難道是繳出十把刀，就能升級成模範農民嗎？

言歸正傳，不只是刀狩令，要在領地宣布嶄新的企劃、方案或是法令之前，必須要製作**「企劃書」**，並且呈報給相關人士。製作企劃書的重點，在於將企劃的主旨明確地傳達給閱讀者，並且用簡單易懂的方式來撰寫。企劃書的格式，除了企劃名稱之外，要記載執行目的、內容、目標、課題，以及可能會遭遇的困難。關於相關的數值以及日期，也要盡可能地具體記錄。

此外，最好盡可能地將企劃的預期成效一併寫入，例如**「奪下〇〇國」**、**「削弱〇〇國的國力」**等具體成效。

刀狩企劃書

企劃概要

提出日期	天正16年6月8日
企劃人	豐臣秀吉
企劃名稱	刀狩令
現狀的課題與背景	即使天下歸於一統，農民仍然保有刀劍等武器，恐怕有一揆興起的風險，不可等閒視之。
企劃的目的與主旨	從農民手中回收刀劍武器，以圖執行兵農分離政策，降低一揆發生的風險。
企劃內容	發布刀狩令，要求農民統一交出刀劍、長槍、弓箭、鐵炮等武器。
目標	兵農分離
預定執行武將	石田三成
可能遭遇的困難	要求農民繳交武器時，可能會引發農民的不滿。（研擬說服農民的說詞。例如將武器回收利用，作為鑄造方廣寺大佛會用到的鐵釘等用具）

撰寫打動人心的企劃書的5W1H

以下幾點是製作商業文書時，不可或缺的重要鐵則。

When＝何時　　What＝何物

Where＝在哪個領地　　Why＝為何

Who＝哪一位武將　　How＝如何執行

申請採購火繩槍的預算簽呈撰寫法

預算簽呈是上呈到主君的重要文書，必須明記實施目的以及選擇理由

「火繩槍」在西元１５４９年從種子島傳入日本，成為改變往後合戰戰局的重要武器。最有名的事蹟，莫過於織田信長在長篠之戰中善用火繩槍，擊敗了武田勝賴。戰國亂世從原本的刀槍與弓箭，**瞬間成為火器獨領風騷**的時代。如果要用現代社會做比喻，大概就是**從BB CALL跳級變成iPhone**的感覺吧。

正因為火繩槍是最先進的兵器，價格也相當高昂。就算動用領國的軍資金，也是一筆龐大的軍事支出，因此採購之前需要先繳交**「預算簽呈」**。預算簽呈是商業場合經常使用的文件，用於申請及預算審核。

製作預算簽呈之時，請參考下一頁的「採購火繩槍預算簽呈」。製作完成之後，務必要上呈給織田信長等長官，並請他們用印核可。

✕ 缺乏論據

「比起鐵炮，我軍比較擅長騎馬戰。希望採購戰馬。」像這種缺乏論據的簽呈完全NG。附上數字以及比較分析是撰寫簽呈的基本原則。

✕ 目標曖昧不明

「想要蓋城寨」、「想要鐵炮」像這種只有期望，但目標曖昧不明的簽呈也NG。還可能引起誤會，被懷疑是否暗藏謀反之心，不可不慎。

採購火繩槍的預算簽呈

預算簽呈

提出日：　天正3年4月21日

所屬部門：黑母衣眾

提案人：　佐佐成政

議題	為擴充長篠計畫的鐵炮隊陣容，申請核撥鐵炮採購經費。
目的	為了在長篠之戰順利執行三段射擊戰術，申請核撥鐵炮採購經費，用以調達3000挺鐵炮，供鐵炮隊使用。
採購項目	種子島式火繩槍 選用理由：相較於弓箭等兵器，此兵器的射程距離與威力都更具效果。
數量	3000 挺
價格	1200文錢 X 3000把 ＝ 3,600,000 文錢
付款方式	現金交易（貨到付款）
付款日期	天正3年4月21日
訂購廠商	葡萄牙

※請一併附上估價單、參考資料等文件。

火繩槍估價單 _1549.xls

部門主管	主君

如果需要證明火繩槍估價的公正性，宜附上複數廠商的估價單。

南蠻貿易的收據撰寫法

購買火繩槍的時候，切記索取收據等交易憑證

所謂的**「南蠻貿易」**指的是戰國時代到江戶時代鎖國為止，日本與南蠻（葡萄牙、西班牙等國）之間的貿易活動。交易項目包含火繩槍、硝石、生絲、絹織品、銀、刀劍。同時有許多甜點從南蠻傳入日本，包含蜂蜜蛋糕、金平糖、蒸麵包、糖果、卡士達醬、餅乾等等。隨後的鎖國時代，只能在長崎的出島進行貿易，說不定那裡就像是現在的**IKEA**或**Costco**之類的地方。

言歸正傳，南蠻貿易採銀貨兩訖的方式交易，因此需要使用**「收據」**作為交易憑證。不僅可以用來「證明付清貨款」，也能夠「防止廠商二度請款」，特別是購買火繩槍等高價商品時，一定得要求商家提供收據。

如果忘了索取收據，或是收據上面記載有誤，恐怕會在付款時會發生意想不到的麻煩事，甚至可能引發**鎖國流血事件**，不可不慎。

收據範例（購買火繩槍的情況）

①買受人
如果以國的名義購買，應記載國名。除了一國之君，其餘人不得使用「大人」名義。

②交易金額
收據應以文作為交易單位，如果是手寫發票，要留意不可誤讀數字。

③發行日期
採用西洋曆或是日本曆標示，務必確認有沒有標註月份與日期。

收　據

NO：　1549

發行日：1549年11月10日

尾張國 台照

金額　　6,600,000文

茲收到以上

購買火繩槍之金額

印花
稅票

安東尼奧・達・莫塔火繩槍股份有限公司
葡萄牙／暹羅／寧波／種子

モッタ
火縄銃

④附加文字
必須要具體標註交易商品，或是物品名稱。不可省略為「武器費用」。

⑤店章
務必確認收據是否有蓋上店章為證。

加賀一向一揆始末報告書的撰寫法

為什麼會發生一揆呢？依照時間表來製作結案報告

所謂的**加賀一向一揆**，指的是加賀國境內，以本願寺門徒為中心發起的一揆。在那之後，加賀國的統治權旁落到一揆勢力手中長達近百年，加賀國也因此被稱為**「百姓執掌之國」**。現代人聽到加賀這幾個字，大概會聯想到**農作物產量豐碩，稻米跟蔬菜都很美味**的地方。

在此之後，柴田勝家奉織田信長之命，以軍事力量剿滅一向一揆勢力。但是一揆的勢力在此深耕百年之久，想必柴田勝家需要提交**「始末報告書」**，才能正式結案吧。

所謂的始末報告書，要針對遭遇的問題以及棘手之處，交代發生的背景以及善後案。如果是戰爭或是領地內發生的大事，必須依照時間順序記錄。不只是報告事情的始末，還要記載發生原因，以及如何防止重蹈覆轍的改進方法、今後的對應方式等等。關於加賀一向一揆的始末報告書，請參考下一頁的範例。

加賀一向一揆始末報告書範例

織田信長大人

天正8年11月24日
織田北陸軍團
柴田勝家

關於加賀一向一揆的始末報告書

謹針對長享2年以來爆發的加賀一向一揆，提交始末報告書如下，敬請過目。

記錄

長享2年	本願寺門徒於加賀國發起一揆
同年	加賀國守護富樫政親，被逐出加賀
天文15年	一揆勢力興建尾山御坊，一向一揆擴張至北陸地區全境
弘治元年	朝倉氏首次與一向一揆交戰
永祿7年	朝倉氏第二次與一向一揆交戰
永祿13年	上杉謙信勢力、織田信長勢力與一向一揆交戰
天正10年	石山本願寺投降，尾山御坊被攻陷

一向一揆的發生原因
富樫政親罔顧過去曾受到本願寺援助的往事，執意以軍事鎮壓一向一揆。

今後的對策
在注意各地局勢的同時，也要以織田信長殿下為核心，編制特種部隊，從源頭拔除一向一揆勢力。

以上

CHECK POINT

報告要能活用於下一次的應對

製作始末報告書時，重要的是要思考如何活用於往後的一揆應對。

提交報告的時間越快越好

當麻煩的事件或戰爭的處理告一段落後，最好立刻提交報告。

謀叛主君之後的悔過書撰寫法

撰寫悔過書的重點，在於誠懇謝罪並表達不會再犯

若是說到日本史中**跌破眾人眼鏡的事件**，明智光秀背叛織田信長的**「本能寺之變」**、以及小早川秀秋從西軍倒戈至東軍的**「關原合戰倒戈投敵」**，這兩件事可說是互爭首位的大事。這兩件事除了出人意料之外，也常被人當作**負面教材**談論。像是謀反之類的背叛行為，事後不僅要謝罪，還必須提出**「悔過書」**才行。

所謂的悔過書，就是內容包含**錯誤行為的詳細內容**、**明確釐清責任歸屬**，以及**發誓不再犯**的書

面報告。謀反或是陣前倒戈，不只會給鄰近武將帶來麻煩，對周遭民眾的影響也很大，事後必須儘速提交悔過書來收拾殘局。

以下就用光秀與秀秋為例子，介紹悔過書的書寫範例。

此為鐵則！

① 首先要坦率認罪

發生背叛或是其他不當行為時，首先要承認自己犯下的罪行。

② 抱持切腹的覺悟提交悔過書

有時只要提交悔過書就能解決，但也有可能落得切腹謝罪的下場。

明智光秀對於發動本能寺之變的悔過書

天正10年6月2日

悔過書

本人明智光秀，奉織田信長大人之命，率軍支援羽柴秀吉攻打毛利。在行軍的途中，渡過桂川行經京畿入口之時，説出了「敵人就在本能寺」的不恰當言論，不只如此，並肆意妄為地違反軍令，擅自率軍前往本能寺。

除此之外，行軍至本能寺後，我竟率軍攻入本能寺討伐主君信長大人，最終導致讓本能寺陷入火海的局面。

武家社會的基本原則，建立在主從之間的信賴關係。本人的不當行為，嚴重破壞了這個大原則。並且給全國的大名做了壞榜樣，危險地散佈了「只要能夠出人頭地，下剋上或是謀反也沒關係」的錯誤訊息。

身為武家社會的一份子，我蔑視並且違反最基本的信賴天條，不僅給主君信長大人，也給織田家的各位家臣，造成許多困擾，本人在此致上深切的反省之意。

此外，我也要向本能寺的住持，以及建設並維護本能寺的眾多關係人，表達深摯的歉意。

今後我會矯正自己對主從關係的錯誤認知，發誓不再讓下一任主君因我而喪命。對於這一連串的錯誤行為，我發誓將會盡最大的努力，讓各位能對我重拾信賴。

在此誠摯地希望各位能從輕發落，給我改過自新的機會。

天正10年6月3日
織田前任家臣 明智光秀

小早川秀秋對於關原之戰倒戈行為的悔過書

征夷大將軍 德川家康大人

悔過書

本人小早川秀秋，於慶長5年9月15日的關原之戰，發生了從西軍倒戈到東軍的不當行為。

在決定天下的重要戰爭中，犯下了倒戈、背叛的行為。即使東軍因為我的倒戈而獲勝，但是身為一個武將，背叛是絕不能原諒的錯誤行為。

東軍的諸位武將先進，特別是在戰場上浴血作戰的將士們，因為本人的行為而感到不安。西軍的諸位武將先進，也因為本人的錯誤行為，最後面臨了一敗塗地的局面。

我在關原之戰鑄下大錯，原因在於本人思慮不周，缺乏身為武將的自覺，對此沒有任何辯解。我的錯誤行為，給東軍以及西軍的所有關係人士，造成莫大的困擾與煩心，本人在此致上深切反省之意。

今後我將兢兢業業，認真恪守職責，以報大人的封賞之恩。並發誓不再犯下相同的過錯，誠摯地希望大人能從寬處理。

慶長5年9月17日
小早川秀秋

專欄：其之5

title:

戰國時代的家庭式簡餐店

有一段時間，我喜歡去家庭式簡餐店觀察用餐的顧客。隨著星期幾、或是不同時間段的改變，來店的顧客類型也大異其趣。有準備要去玩柏青哥的上班族男性、安靜地吃著焗烤的老夫婦、帶著小孩的熱鬧媽媽聚會、眉頭深鎖的OL等等，形形色色的人們都在這裡各自佈陣，面對人生的考驗。

如果戰國時代也有家庭式簡餐店的話，應該也會看到各式各樣的人聚集在此吧。像是落敗武將那樣精疲力盡的武者、鎮上年輕姑娘們的聚會、看起來像是領主的老人、把造型獨特的頭盔放在身邊，專心讀書的男子、年幼的家督以及稍有年紀的家老，這樣的情景就好像是一幅時代繪卷。如果把清洲會議的地點，從清洲城換成家庭式簡餐店的話，不只是開會的氣氛會變明朗，想必會議的結果也會有所不同吧。

按下桌上的點餐鈴，響起了三位天下人鍾愛的杜鵑鳥叫聲。打扮像是武家小姓的服務生們，忙碌地在店內來回穿梭（完全沒發出腳步聲的完美滑步）。小姓推薦的是本日特餐義大利麵「比叡山延曆寺風～喜怒無常的信長縱火義大利麵」。

如何預約合戰或訪日的時間排程

關於合戰的地點以及行程表，事先預約好才能安心

「川中島之戰」是上杉謙信與武田信玄交鋒的知名戰役，總共對戰過五次之多。一般而言，最為人所津津樂道的那場川中島之戰，指的是戰況最激烈的第四次戰鬥。因為雙方已經交手過好幾次，兩軍將士**想必都已經打到厭煩了**。說不定戰爭結束之後，雙方或許還會相互問候：「今天就到此為止吧，作戰辛苦了！」或是「那就下次見吧！」。

除此之外，雙方都已經打了這麼多次川中島之戰，不難想像信玄與謙信兩軍，早已習慣如何**「預約行程」**。在商務場合中，無論是會議或是面談，只要前去拜訪客戶，事前一定要先向客戶進行預約。合戰開戰之前，透過事前預約行程的方式，提前確認並調整「何時」、「何地」、「何人」等細節，才能安心地率軍前往戰場。

此外像是**「耶穌會傳教士沙勿略訪日」**，這種不遠千里而來的重要參訪，更需要事先預約行程。務必在事前先商議「何時」、「何地」、「何人」以及**「要傳布什麼教義」**等細節。

合戰前的行程預約（以川中島之戰為例）

①傳達合戰的舉辦概要
要簡潔明白地傳達開戰的理由。

例）「我是武田信玄，平日承蒙貴公司照顧。能跟您商討合戰舉行的事宜嗎？」

▼

②協調合戰的開戰地點
提出建議的舉辦場地讓對方參考。

例）「關於下一次的合戰，方便在老地方川中島舉行嗎？」

▼

③協調合戰的開戰日期
提出建議的舉辦日期讓對方參考。

例）「關於合戰的開戰日，不知道永祿4年9月10日是否方便？」

▼

④確認合戰的時間表以及流程
讓雙方都掌握合戰進行的預估時間表及流程

例）「下次的川中島之戰，大概在十點左右開戰。那麼當天再麻煩您了。」

這裡請留意！

有時因為濃霧等氣候劇變，可能會導致開戰時間延誤。需要事先思考開戰時間、結束時間的備案，並且提前向對方確認是否可行。

來訪前的行程預約（以沙勿略訪日傳教為例）

①傳達訪日活動的概要

要清楚地傳達訪問的目的。

例）「平日承蒙您的照顧了。能跟您商討基督信仰的傳教事宜嗎？」

▼

②協調訪日的地點

提出建議的訪問場所讓對方參考。

例）「我們將從歐洲出發，途經印度果亞再前往日本拜訪。
想在薩摩半島的坊津灘附近登陸拜訪，不知是否方便呢？」

▼

③協調訪日的日期

提出訪日的日期讓對方參考。

例）「預定在1549年前往日本拜訪。不知這個時間是否合適？」

▼

④讓雙方掌握訪日的人數等情報

向對方報告訪日的人數，以及日後的規劃。

例）「前往貴國參訪的人數，包含我在內總計三人。
之後我們想在日本全國展開傳教活動，不知道是否適當呢？」

這裡請留意！

展開傳教活動之前，當然要先確認對方是否正在鎖國。除此之外，務必提前確認拜訪對象是否已經宣布禁教。如果有切支丹武將願意幫忙的話，記得要先準備禮品表達感謝。

專欄：其之6

title:

信長的聯誼活動

在巨大的水晶玻璃後方，特殊花紋的熱帶魚自在地悠游。用來加熱Bagna càuda溫沙拉沾醬的燃料錠，搖曳著湛藍色的火光，信長若有所思地望著那簇火焰。遠方的霓虹燈與照明，將整條街渲染上艷麗的色彩。名為「聯誼」的戰鬥，已經展開了序幕。

「騙人～真的是信長嗎！是我的菜！」、「杜鵑鳥不叫的話…嘻嘻，超MAN的」、「這就是髮髻嗎，好可愛唷」。聯誼的話題看似圍繞著信長打轉。不，看似交流的話題，信長總覺得空氣中充滿挖苦嘲笑的味道。這些平成世代的年輕女子，不管是價值觀或是對於世界的想法，都跟信長天差地遠，雙方的代溝，簡直比安土城的石垣還高、比安土城的水堀還深。

聯誼常見的國王遊戲，不知不覺已經開始，這些小女孩也只有這時候能當上國王吧。「我說，三號的人要切腹～」，聽到這句話，抽到三號的信長突然慌了手腳。切腹？當年高揭天下布武的霸者之道，如今已經成為過去式。高樓林立的水泥戰場，早已經聽不到將士高呼勝利的歡聲。信長發現，女孩們的目光都集中在自己身上。信長拿起用來切披薩的輪刀，從靈魂的深處嘶吼出「本人信長！接下來將表演空氣切腹！嘿啊～」。在這一瞬間，在夜空暗雲之間的縫隙，有一道流星殞落無蹤。

若是戰國時代，有這種宛如輕小說的劇情的話，倒也不是件壞事。

拜訪客戶，執行太閤檢地的應對法

外出拜訪客戶執行檢地公務，也要注意交談應對的禮儀

所謂的**「太閤檢地」**，指的是豐臣秀吉在日本全國推動的大規模檢地政策，頒定全國通用的度量衡，丈量土地並計算田地的農產量。政府官員前來丈量田地這件事，如果換成現代的說法，大概就是**國稅局的人突然出現在家門口**，詢問你是否有誠實報稅。

負責檢地工作的官僚，為了執行太閤檢地而走訪各地，簡直就像是商務場合常見的**業務拜訪**。比起公司內部的會議，外出拜訪有許多應該注意的重點，還有務必遵守的商業禮儀。

此為鐵則！

① 「太閤代理人」也要謹慎應對

就算是奉太閤之命，也要保持彬彬有禮的態度來執行公務。

② 服裝儀容也不可輕忽

執行檢地工作時，要注意自己的服裝儀容，記得要綁好髮髻。

拜訪他國領地，執行太閤檢地公務時的應對用語

造訪他國時的問候用語

「在下是豐臣政權的〇〇，請多多指教」

「依約在今天某時某刻，前往貴處執行太閤檢地」

「請問某某大人在嗎？」

開始太閤檢地的應對用語

「初次見面，在下名叫〇〇」

「感謝您今天撥冗配合太閤檢地」

「若您方便的話，在下現在就開始執行檢地工作」

結束太閤檢地的應對用語

「那麼今天的檢地就到此為止」

「在下將把檢地結果呈報上級，再另行通知您結果」

「感謝您今天的大力配合，後會有期」

招來勝利的商務簡報基礎

開戰前夕的簡報發表，將決定謀反的成敗

明智光秀在本能寺之變時，說出了**「敵人就在本能寺」**這句千古名言。明智光秀率軍攻打毛利的途中，神來一筆地發表這句名言，並轉向攻擊本能寺，成為日本史上最具代表性的謀反事件。

如此精闢的著名台詞，甚至能拿來當**電影預告片的宣傳標語**呢。正因為這句話充滿著戲劇張力，只要講到本能寺之變，就一定會提到這句話。說不定在前一天晚上，明智光秀就躺在被窩裡，心想反覆想著**「明天我一定要秀出這句話⋯」**。

在眾人面前闡述自己的主張及想法，就好比是現代社會的**「簡報發表會」**。在謀反前發表一席談話，或是於合戰前鼓舞士氣，也可說是一種戰國時代的簡報發表會，其效果足以影響戰爭的勝負，或是謀反的成敗。

為了避免模糊焦點，請將事前準備的資料以及發表的要點，簡單呈現即可。重點是如何將謀反行動的遠景，深刻地傳達給全體將士。

簡報發表的注意事項～以本能寺之變為例～

①聲音要宏亮且清晰

說話的時候，要注意聲音宏亮，咬字清晰。記得放慢說話速度，最好用「敵人・就在・本能寺」的節奏來喊口號。

②肢體動作

除了言語之外，配合肢體動作會更有效果。如果手上拿著采配或是軍配，適度揮動，效果更佳。

③避免資訊過載

簡報檔上所準備的資料，越簡單越好。
嘗試只用一張簡報，呈現「自我介紹」、「為何是本能寺」、「謀反的理由」等資訊。

④加強事前練習

為了精準掌握簡報發表的流程，事前的練習不可少。最好找個人協助，練習如何將「敵人就在本能寺」講得鏗鏘有力、觸動人心。

⑤嚴格控管時間

如果簡報發表之後，立刻就要展開謀反的話，一定要嚴格控管時間。若是簡報發表拖太久，也許會錯過謀反的最佳時機。

此為鐵則！

① 晚上要特別留意投影片的亮度

注意投影片的亮度設定，以免簡報發表的亮光，讓謀反行動提前曝光。

② 搭配讓人有信賴感的穩重服裝

謀反前的簡報發表，格外受人注目。最好搭配穩重款式的頭盔與鎧甲。

清洲會議的會議記錄撰寫法

取得的首級或是石高等數字，要正確無誤地寫在會議記錄上

本能寺之變後，為了決定織田家的繼承人以及領地分配，織田家的重臣召開了**「清洲會議」**。與會者是柴田勝家、丹羽長秀、羽柴秀吉、池田恒興等重臣，這場會議也左右了戰國時代後續的脈動。這些大人物齊聚一堂，如果自己也出席的話，**鐵定是場會讓人緊張到胃痛的**會議吧。

現代的商務場合，也有許多類似的重大會議，與會者的發言以及決定事項，都會撰寫進**「會議記錄」**裡面。如果是戰國時代的會議記錄，裡面必定記載了**取得的首級數量及戰功的合戰報告、論功行賞、以及今後的上洛計畫**吧。

在像是清洲會議這種要**討論「如何決定繼承人」之類的錯綜複雜議題的會議**中，為了避免事後雙方**各執一詞互不相讓**，會議記錄必須格外講究正確與詳細。

在下一頁，我們要以清洲會議為例，學習撰寫會議記錄的方法。

清洲會議的會議紀錄

清洲會議 會議記錄

議題	如何決定織田家的繼承人及領地再分配	No.	1582
時間	天正10年6月27日　10:00～18:00		
場所	尾張國清洲城　大廣間B會議室		
出席者	柴田勝家、丹羽長秀、羽柴秀吉、池田恒興（省略敬稱） ※瀧川一益因出差而缺席		

內容

●議題背景報告

・6月2日發生本能寺之變（意外事故）

・前任當主織田信長，因故逝世

・現任當主織田信忠，於二條新御所陣亡

●關於織田家繼承人之問題

・推舉信長三男—神戶信孝繼承家業（推薦人柴田勝家）

・推舉信忠嫡子—三法師（織田秀信）繼承家業（推薦人羽柴秀吉）

・支持嫡長子繼承制度（丹羽長秀）

與會者討論結果，決定由三法師（織田秀信）成為信長的正統接班人

●領地再分配問題

・柴田勝家→越前、近江長濱

・羽柴秀吉→播磨、山城、河內

・丹羽長秀→若狹，加封近江國境內二郡

・池田恒興→除攝津的池田、有岡之外，再加封大坂、尼崎、兵庫三地

關於領地分配，依照以上協議定案。

●其他事項

・織田家內部勢力大幅變更，全體家臣今後宜注意情勢變化。

不僅是會議發言，像是加封新領地等決議，一定要記載在會議記錄上。

會議記錄可以省略敬稱，格式力求簡潔。

合戰的出勤狀況與出差聯絡郵件

如果因為急事而必須在戰場等處請假，必須事前以郵件報告

出差或是外出訪客的時候，如果碰到急事或是不舒服、需要臨時請假時，必須先用電子郵件的方式，向主管回報出勤狀況。

戰國時代也是如此，如果在**合戰**、或是**守城戰開打前**想要請假，也要先用郵件來請假，稱為**「出勤狀況聯絡信」**。例如率領軍隊參加合戰，長時間不在領地，或是參加守城戰而跟外部斷絕聯絡者，必須想辦法跟領地內的主管以及相關人士報告。舉例來說，羽柴秀吉得知本能寺之變後，率領軍隊從中國地方趕回京都的**「中國大折返」**，因為也是突然變更行程的行為，加上又是強行軍，必須要提前通知相關人士。

此外，如果在合戰期間，萬不得已要**申請遲到或是早退**的話，為了避免**被問罪切腹或是減封**，記得一定要註明合情合理的原因。

即時聯絡為上

關於遲到或早退的申請，一定要及早聯絡。包含碰到謀反等突發性的行為，也記得要儘早向主管報告。

分享今後的合戰計畫

通報今後的長程規劃時，記得要把今後的預定計畫也告知對方。例如「抵達之後，率兵前往山崎參戰」。

出勤狀況聯絡信

送件人：HIDEYOSHI Hashiba＜hh@oda.sngk＞
收件人：織田氏 出勤ML <kintai@oda.sngk>
主旨：出勤狀況回報 羽柴

發信時間：天正10年6月3日 23:45:21

晚安，辛苦了。我是羽柴秀吉。

很抱歉在前一天晚上突然發信聯絡。
因為有急事，從明天6月4日開始，我將請假，暫停攻打毛利的行程。

除此之外，明天我會率軍前往京都。
接下來10天的移動途中，可能無法即時收發信件保持聯絡。
如果有任何緊急聯絡事宜，請利用快馬或是飛腳送信。

由於率兵啟程之後，會有一段手忙腳亂的時間。
如果有任何要事，原則上由我方進行回報。

雖然銷假時間尚未決定。
但是我與毛利勢力的和談，已經步上軌道了。
今後還要勞煩您多多操心了。

以上，請多多指教

HIDEYOSHI Hashiba ＜hh@oda.sngk＞
羽柴秀吉

～毛利攻略計劃「中國攻略戰」好評展開中～
伊香郡/坂田郡/淺井郡/長濱/姬路城/草履/一夜城/猴子/墨俣城

築城工程委託信

用電子郵件來交辦安土城築城事宜，交辦的基本原則是「越快越好」

「**安土城**」是織田信長在琵琶湖畔興建的名城，地點位於現在的滋賀縣安土町。安土城是織田信長的居城，擁有大型的天守閣，充滿絢爛豪華的裝飾，可以說是代表戰國時代的名城之一。這座湖畔巨城，擁有壯麗又高聳的天守閣，說是當時日本的地標也不為過，簡直就像是**東京迪士尼的仙杜瑞拉城堡**。

要興建這麼壯觀的城堡，在築城之前，必須先

寄「**築城工程委託信**」給相關人員，通知築城工程概要，並且命相關人員參加第一次築城動工會議。信件中應註明築城目的、工程概要、相關人員負責領域等資訊。

清楚標註希望的完工日期

委託他人築城等工作時，要記得標註希望的完工日。

以附件說明要求及規格

為了方便讓對方預估完工日期，要記得用附件的方式，寫清楚要求事項與希望的規格。

安土城的築城工程委任信

發信人：N.Oda <nobunaga@oda.sngk>
發信時間：天正4年1月15日 11:20:11
收件人：丹羽長秀 <niwa@oda.sngk>，木村高重 <t.kimura@oda.sngk>
岡部又右衛門 <okabe@oda.sngk>，羽柴秀吉<Hashiba@oda.sngk>
Cc：石材奉行團隊 <stone@oda.sngk>，磚瓦奉行團隊 <hawara@oda.sngk>
主旨：安土城築城委託
附件：安土城規格書.xls

丹羽、木村、岡部、羽柴
Cc：石材奉行團隊、磚瓦奉行團隊

各位辛苦了，我是信長。

為了要監控越前與加賀的一向一揆，以及上杉謙信。
我決定要在琵琶湖東岸的安土山興建一座城池。
預定以天正7年早春為目標，正式搬進安土城的天守閣。
各位負責的工作如下。

・總奉行：丹羽長秀
・普請奉行：木村高重
・工匠領班：岡部又右衛門
・繩張奉行：羽柴秀吉

石材奉行與磚瓦奉行，各自在團隊內挑選3～4名工匠協助即可。

＞丹羽：
第一次動工會議交給你來主持。

這次的安土築城，將是一件大工程。
期待諸君能夠好好表現。

_/
織田信長
NOBUNAGA ODA ＜nobunaga@oda.sngk＞
天下布武・第六天魔王・尾張的大傻瓜・三段射擊
_/

表明無法參加合戰的婉拒邀請回函

無法參加關原之戰時：不失禮的拒絕信撰寫法

有「決定天下局勢一戰」之稱的**「關原之戰」**，可以說是戰國時代最大規模的戰爭，全國各地大名分別加入東西軍參戰。因為全日本的明星武將，都參加了這一場戰爭，如果用現代社會來比喻，大概就是**紅白歌唱大賽**、**日本富士搖滾音樂祭**、SUMMER SONIC之類的大型音樂盛會吧。雖然說全國各地的武將，分別參加東西陣營，但是東軍的**伊達政宗**，為了要牽制上杉景勝，無法前往主戰場參戰，大概就像**在日本富士搖滾音樂祭當天還得值班的淘兒唱片行店員**吧。

如果真的不能參加活動或是聚會，也要寫一封合情合理的婉拒邀請回函。如果是來自同盟國，或是素有往來的武將的邀約，更要慎重地回信，以免演變成斷交的慘劇。如果要用身體不適之類的理由來回絕的話，也要小心不要損害到雙方的信賴關係。

○ 開場白要先「致歉」

就算已經有其他約定，或是對邀約存疑，只要是婉拒邀請或拒絕對方的請求，最好先在開場白致歉。

✕ 不可同時伺機擴張

要避免一邊婉拒邀約、一邊又在同一個時間明目張膽地處理其他案件（例如趁亂攻打他人領地）。

婉拒邀約回函的範本

發信人：伊達政宗 <m.date@oshuu.sngk>
收件人：東軍全軍ML <all@teameast.sngk>
主旨：關原之戰參戰邀請之回函
發信時間：天正10年6月3日 23:45:21

東軍諸位先進
各位辛苦了，我是伊達政宗。

雖然我預定要參加關原之戰。
但因為當天我要負責牽制上杉軍的行動，因此無法前往關原參戰。

由於家母的娘家・最上家也要一起牽制上杉軍。
因此在關原之戰當天，伊達與最上未能參加合戰，敬請各位先進見諒。

由於牽制上杉軍的工作，是德川家康大人另外下達的旨意。
政宗將此任務視為最優先事項，必定會全力以赴完成使命。

想必關原之戰那一天，應該會陷入激戰局勢。未能趕赴戰場，為各位獻上棉薄之力，實在是感到萬分抱歉。

這次因故未能參加這場決定天下局勢的大戰，個人感到非常遺憾。
政宗會從遠方的奧州，為各位祈求武運昌隆。
今後如果有其他的戰爭，也希望各位能出聲邀請為幸。

以上，今後也請多多指教。

獨眼龍・伊達政宗<m.date@oshuu.sngk>

招待七本槍參加慶功宴的邀請函

邀請賤岳之戰的戰功者參加慰勞將士的慶功晚宴

所謂的**「賤岳之戰」**，是織田信長亡故之後，織田家重臣羽柴秀吉、柴田勝家兩強之間展開的戰爭。秀吉在此戰獲得勝利，奠定了爭奪天下霸權的基礎。這場戰爭就像是企業主管因故引退之後，各路好漢搶著接任專案負責人。秀吉旗下的福島正則、加藤清正等七人，在此戰立下輝煌戰功，被譽為**「賤岳七本槍」**而廣為人知。他們就像是商務專案中，特別努力的七個主力成員。

不論是企業的專案，或是戰國時代的合戰，主管在奮戰之後都會舉辦**「慶功宴」**來慰勞部屬。如果利用郵件發佈慶功宴訊息，需在信中詳記舉辦地點以及舉辦時間，才能事先確認參加人數。雖然慶功宴是不拘小節的「無禮講」，但就算關係再好，還是要保持基本的禮儀。在這前提下，**只要不鬧到切腹謝罪的程度**，不妨開懷暢飲吧。

○ 要挑隔天不用打仗的日子

安排慶功宴日期的時候，也要注意隔天是否有重要的行程。

✕ 邀請名單千萬不能漏人

明明就立下戰功，卻沒被邀請參加慶功宴！為了避免發生這類憾事，一定要再三確認邀請名單。

慶功宴邀請信

發信人：HIDEYOSHI Hashiba＜hh@oda.sngk＞ 發信時間：天正11年5月2日 09:19:30
收件人：福島正則 <m.fukushima@oda.sngk> ,
加藤清正 <kk@oda.sngk> , 加藤嘉明 <y.kato@oda.sngk> , 脇坂安治 <wakisaka@oda.sngk> ,
平野長泰 <nh@oda.sngk> , 糟屋武則 <kasuya@oda.sngk> , 片桐且元 <katsumoto.katagiri@oda.sngk>
主旨：賤岳之戰慶功宴邀請函

正則、清正、嘉明、脇坂安治、
長泰、武則、且元

各位辛苦了，我是秀吉。

之前的賤岳之戰，真是多虧諸位的努力不懈。
有了你們這些孩子的努力，才能順利打敗柴田勝家。

這次的勝利，都要歸功於所有人的努力，特別是你們七本槍的奮戰。
為了慰勞大家，我決定舉辦一場慶功宴。

日期：天正11年5月6日（週五）19:00開始
地點：好酒好菜的「槍DINING」近江店-宴會廳
http://utagenavi.sngk/party/oumi/11200194441

要參加慶功宴的人，於18:40左右一起從城內出發。
如果要直接過去餐廳的人，直接報上預約人「羽柴」。
這次的酒宴是不拘小節的無禮講，大家好好熱鬧一番！

以上，日後也要好好幹啊。

羽柴秀吉

～毛利攻略計劃「中國攻略戰」好評展開中～
伊香郡/坂田郡/淺井郡/長濱/姬路城/草履/一夜城/猴子/墨俁城

合戰後的薪資明細解讀法

戰功的高低反映在論功行賞
注意薪資證明的確認重點

關原之戰後舉辦的**論功行賞**（依照戰功給予對應的褒賞），參加德川家康陣營的東軍派將領，大多獲得加封領地等獎賞，而參加石田三成陣營的西軍派將領，則遭受到流放、沒收領地、減少領地等處罰。如果**以上班族做為比喻，就像是選擇不同的上司，後來因為有沒有選對邊，使得薪水大幅增減，甚至還可能被炒魷魚**。

戰國時代的論功行賞結束之後，應該也會像現代一樣收到**「薪資明細」**吧。上面記載著**戰獲首級、前鋒首功、殿軍撤退**等獎金，還有**陣亡保險金、切腹保險金**等細目，特別要注意確認，**支給領地石高**、保險、稅金等**石高扣除額**項目。

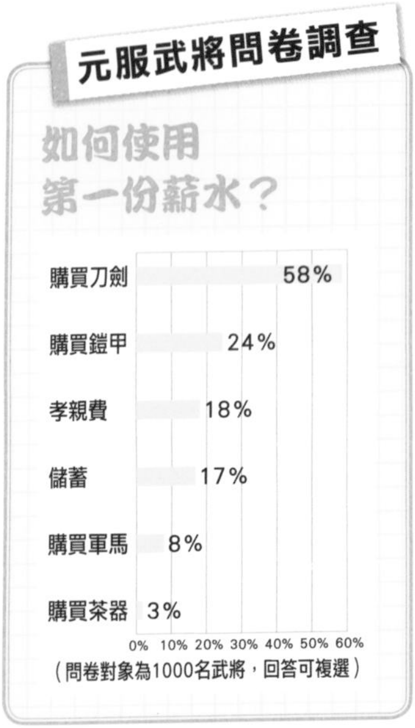

薪資明細範例（參加關原之戰的情況）

①職位津貼
依照足輕隊長、弓隊將領、鐵炮隊將領、軍師、總大將等職位決定津貼。

②首級津貼
依照戰獲的敵軍首級數量，發放對應金額的獎金。須注意數量是否正確。

③倒戈津貼
這是在戰爭中倒戈我軍時，發放的激勵獎金。

薪資明細書　慶長5　年9月份
單位為石高

所屬代碼	社員編號	姓名
EAST1	112	小早川秀秋

支付項目	基本薪資	職位津貼	首功津貼	倒戈津貼	突擊津貼	持旗津貼		
	360.000	12.000	0	1.200.000	0	0		
	前線津貼	殿軍津貼						
	0	0						

支付項目合計金額
1.572.000

扣除項目	陣亡保險	切腹保險	隱居年金	隱居年金基金	主從保險	武將保險		
	32.000	12.000	8.000	4.000	12.000	30.040		
	[illegible]	[illegible]						
	7.900	23.000						

扣除項目合計金額
128.940

出勤狀況	合戰日數	合戰時數	合戰時間分配			[illegible]	[illegible]	請假日數	遲到早退				匯款金額
			守城	攻城	埋伏				次數	時間			
	10	34	0	0	0	0	0	0	1	5			1.443.060

實發薪資
1.443.060

備考

④陣亡保險金
針對合戰中若不幸陣亡的事故所做的保險。武將必須強制投保。

⑤切腹保險金
保障在切腹行為時，必須支付給介錯人的諸項費用。

⑥遲到數
在戰場上遲到的次數。由於此數值會影響領地增減，須確認數字是否正確。

提升閒聊力的速查表

利用閒聊有效活用空暇時間，提升武將力的閒聊訣竅

「閒聊力」是現代上班族的重要技能，那麼在戰國時代又是如何呢？在合戰的待機時間，以及參加評定前的等待時間，不妨利用短暫的空暇時間，跟周遭的武將與大名閒話家常。不僅可以建立人脈，圖求飛黃騰達，也有助於在戰場上請求援軍出兵協助，或許可以說是意外地重要呢。

雖然能夠透過閒聊，掌握合戰的秘密軍情或是下剋上的傳聞。但是**密會或是謀反的傳聞**，有時會成為**敏感話題**，可能會被懷疑圖謀造反，與人閒談時，這一點不可不慎。

為了防止閒聊時找不到話題，也避免因為講錯話而破壞了氣氛，就讓我們參考下一頁的**「閒聊話題速查表」**，來鍛鍊閒聊力吧。

初次見面武將的場合

面對初次見面的武將，應避免過於私人、或是造成不良影響的話題。

天氣話題	使用的刀劍類型是？
茶道話題	喜歡的刀劍是？
詩詞話題	喜歡的刀匠是？
能劇話題	喜愛的草履是？
鷹獵話題	喜歡的和服紋樣是？
新年假期去了何處？	喜歡的城池是？
現居何處？	喜歡的鎧甲是？
現居地有名的城池是？	喜歡的軍馬是？
現居地的名產是？	喜歡的兵糧食物是？
今年的農穫收成量如何？	喜歡的特殊造型頭盔是？

評定會議的場合

在評定會議與認識的武將閒聊時，話題稍微涉及一些私人層面也OK。

前任職務是什麼？	喜歡的謀略是？
出家次數	喜歡的大名是？
仕官年資	是否碰過一揆？
喜歡的內政工作是？	最近的同盟國話題
有名的家老是誰？	是否經歷過御家騷動？
元服前的幼名	關原之戰時參加哪一方？
元服的情況	是否曾經上洛？

合戰的場合

人在合戰時的情緒會比較高昂，此時可以選擇平常無法開口的話題。

曾立下什麼戰功？	喜歡的陣形是？
受傷次數	喜歡的武器是？
戰獲的首級數量	是否持有火繩槍？
敗戰的經驗談	是否曾經下剋上？
是否打過守城戰？	是否曾經謀反？
參加守城戰的最長紀錄是？	是否認同趕盡殺絕？
是否曾經負責斷後殿軍？	覺得誰能夠統一天下？
是否曾負責執軍旗的工作？	你對信長的印象如何？

CHECK POINT

初次見面的對象別提下剋上

就算是剛好遇上你想要下剋上的對象，初次見面交流的時候，也請避免談論這個話題。

當對方皺起眉頭時要記得變更話題

當對方已經開始皺眉時，不可針對話題繼續窮追猛打。最好趕快換個話題。

如何製作公司內的社團活動傳單

偶而拋開工作輕鬆一下，參加社團活動充實戰國人生

身處在群雄割據的戰國時代，每天在城池以及戰場上戮力奉公，過著忙碌的生活。偶而暫時放下工作，與職場的同事一同沉浸於嗜好，說不定也是件好事。這也就是所謂的社團活動吧。

透過能劇、茶道、詩詞、鷹獵活動與同僚交流，不僅可以在繁忙的武將人生中創造稍微喘口氣的輕鬆時間，還能促成有別於合戰以及軍議的交流，具有擴展人脈的優點。

舉辦社團活動之前，要事先得到上司或是大名的許可，使用傳單以及飛箭傳書的方式，在領內的城池等地廣為宣傳。

拜共通的興趣所賜，在四面楚歌之時，也許會有援軍來相救，或是在意想不到之處得到貴人相助。社團活動也許會帶來這些益處呢。

招募茶道社團成員的傳單

千利休

茶道社
熱情招募社員參加！

要不要跟大家一起享受茶道的樂趣呢？

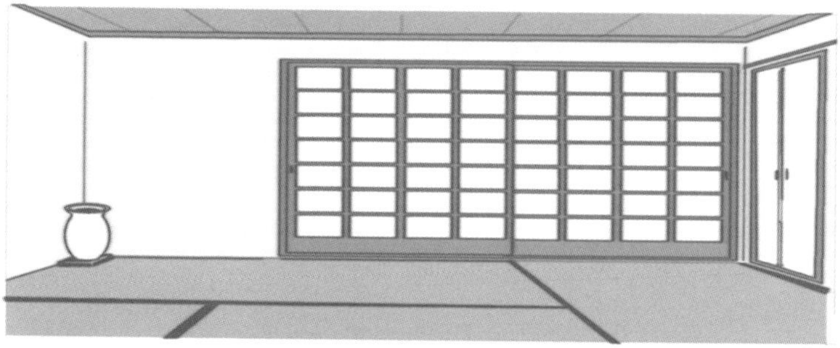

我們是研究新型態品茗風格的社團，歡迎對茶道有興趣，或是想要嘗試的朋友。茶道可以消除工作的疲勞唷！
初學者也非常歡迎♪ 身分不拘♪ 隨時募集社員中♪

～特別歡迎以下的朋友～
★總之就是愛喝茶！
★除了喝茶，還想學習茶道的人！
★對於茶碗等茶道用具有興趣！
★想學習召開茶會的規則！

～活動日～
每週一、三、五

～聯絡人～
茶道事業部·千利休

title:

活用紅豆袋來表達心意

織田信長的妹妹阿市夫人，有個有名的逸事。她在金崎之戰時，曾以慰勞之名送給兄長一個裝著紅豆的袋子，但紅豆袋的兩端都被綁緊，暗示信長已經陷入兩面夾攻的危機。這個方法真是了不起呢！如果是送給我的話，我大概只會覺得「是喔。裝著紅豆的袋子啊。」然後抱著這袋紅豆，被敵軍前後包夾而一命嗚呼。

話說回來，阿市夫人能想到用裝紅豆的袋子傳達軍情，這個創意真是不簡單。能夠解讀這個暗示的信長，真的也相當厲害。如果信長參加傳話遊戲，就算有人中途退出不玩，信長一定也能順利完成遊戲。就像是「嗯～我想是兩面夾攻吧？」、「信長隊，正確答案！」這樣的情況。

僅僅靠著一小袋紅豆，就能夠傳達軍情。如果換成大袋等級的情報程度，我想就能傳達「部下將我的草履放在懷中加熱，揪感心」或是「因為部下謀反，我現在人在陷入火海的寺院裡，準備舞完一曲敦盛就要切腹自盡」等大量資訊。與其說信長跟阿市這對兄妹了不起，也許袋子本身才是重點呢。

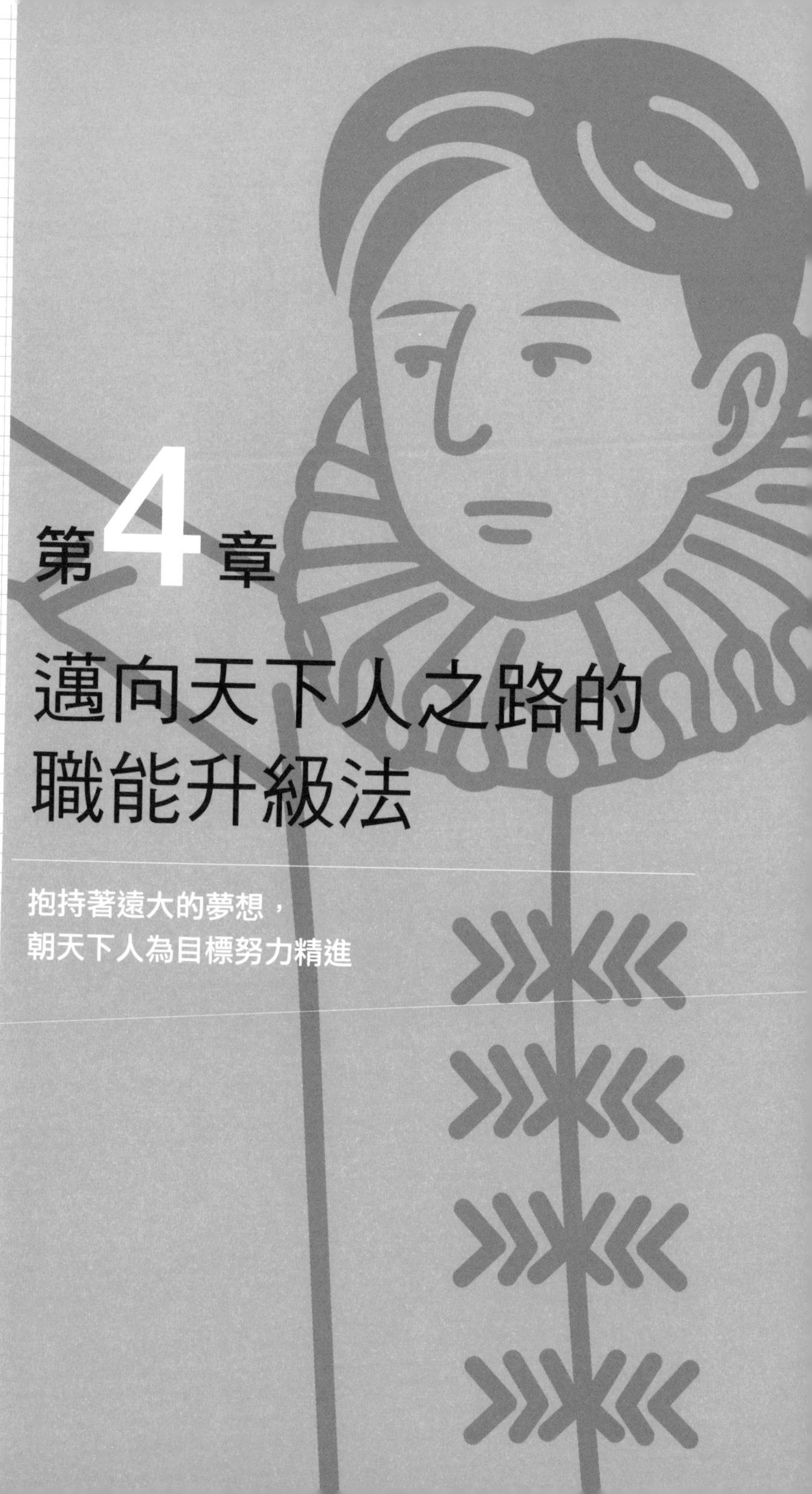

第4章

邁向天下人之路的職能升級法

抱持著遠大的夢想，
朝天下人為目標努力精進

◎活用確認清單進行思考

為了上司與部屬準備的下剋上確認清單

打算下剋上、或是遭受下剋上的人都能藉由確認表來整理狀況

想要在戰國亂世出人頭地，**「下剋上」**是不可或缺的一環。無論是在戰國時代還是現代商務，為了成功執行下剋上，事前的準備可說是非常重要。如果缺乏事前準備，單純以臨機應變的態度來應對，只會落得進退兩難的局面，這一點說不定古今皆然呢。

說起下剋上，大多是抱著賭上性命的心情，孤注一擲的行為。但如果製作**確認清單**，就有可能

順利地達成目標。下一頁的確認清單，將以「事前的情報整合」、「當天的流程」、「事後的應對」為核心，介紹發動下剋上時的注意事項。

首先要仔細調查，**對方與自己底下分別有多少兵馬**。除了現實層面的準備之外，也要再一次慎重地自問**「真的想要下剋上嗎？」**，方能展開下剋上行動。

另一方面，如果是遭受到下剋上的人，也無需慌張害怕。不妨一邊對照檢查清單，一邊展開對應吧。

給身為部下的下剋上確認清單

請先確認以下清單的所有項目，再發動下剋上。

□目標大名・武將的警備是否有漏洞

□目標大名・武將的兵馬是否比我方多

□目標大名・武將是否察覺到下剋上的氣氛

□目標大名・武將是否位在謀反的有效距離內

□下剋上當天的流程預演

□設想發動下剋上之後，附近大名的動向

□是否有信心並準備好治理領國

□是否已經跟妻子或族人討論過下剋上

□是否強烈地想要出人頭地

□相信自己能夠成功地下剋上

給身為上司的下剋上確認清單

遭逢到下剋上的時候，請確認以下清單的所有項目。

□是否已經確認真的是遭受下剋上

□是否已經確認是誰發動下剋上

□是否已經對部下發出針對下剋上的初次行動命令

□講過「無關是非」的名台詞

□親自拿起長槍及弓箭迎戰

□是否已確認現場有無逃亡路線

□是否已經疏散現場的女眷

□寄宿的寺院是否已經被放火

□是否已經留下辭世詩

□是否舞完敦盛

折斷三支箭之前的確認清單

用「折斷箭矢」來教育晚輩之前必要的準備工作與確認重點

毛利元就有名的逸事**「三矢之訓」**，源自毛利元就寫給膝下三個兒子的書信**「三子教訓狀」**。相傳元就曾留下「一支箭很輕易地就能折斷，但如果把三支箭綁在一起，就沒辦法輕易折斷了。你們三個要像這三支箭一樣，團結起來守護毛利家。」這樣的金玉良言來訓示孩子，想必現代社會的上班族也會心有戚戚焉吧。如果在推特發表這句話，**應該就會被網友推爆吧**。

「三矢之訓」看似簡單，但實際做過一次就會發現，**步驟意外地複雜**。不僅要在兒子前面表演折箭，還要說明折斷一支箭與三支箭的難度差異等內容。如果用確認清單的方式統整細節，就能夠簡明易懂地完成事前準備，掌握當日的流程。

還有一點，除了準備道具之外，一定要事先演練一次當日的流程，**在家臣或是家老前預演**會更具效果。

除此之外，也千萬別忘了多準備幾支備用的箭矢來因應突發狀況。

毛利元就發表三矢之訓的情況

在折斷三支箭之前的確認清單

折斷箭矢之前，請先確認以下清單的所有項目。

□是否擁有資產與領地，可以過繼給繼承人、兒子

□是否有兩人以上的候補繼承人或兒子

□最近是否考慮引退・隱居，或是已經引退・隱居

□是否已經準備好在一開始「用來表演折斷」的箭矢

□是否已經準備好在最後「用來表演折不斷」的箭矢

□事前確認是否真的能把箭折斷

□事前確認三支箭是否真的折不斷

□是否已經事先將所有流程演練過一遍

□召集部下或兒子前來

□確認部下或兒子的人數，與箭矢的數量是否吻合

這個時候該如何是好？

箭矢竟然折不斷！

如果要花上力氣才能折斷箭矢，將會降低說服力。最好事先準備軟硬適中的箭矢。

訓示對象是兄弟二人

如果是兩支箭的話，就不容易傳達「團結的箭難以被折斷」的概念。這一點務必注意。

發動三段射擊之前的確認清單

將繁雜的步驟統整列表，順利地發動「三段射擊」

相傳織田信長在長篠之戰使用**「三段射擊」**。此戰術命令火繩槍部隊排成三列，命令這些隊列輪流不停地射擊敵人。織田信長是否真的使用過三段射擊，至今仍是眾說紛紜。回過頭來看看現代那些在提款機前排隊、在收銀台前排隊、在迪士尼樂園排隊的人們，說不定就可以斷言，三段射擊就是**喜歡排隊的日本人的排隊初體驗**。

除此之外，由於三段射擊必須採用當時最先進的火繩槍作為武器，而且三段射擊的步驟繁雜，

如果現場的作戰負責人想在戰場上運用三段射擊戰術，不正是更需要確認清單嗎？

下一頁整理了三段射擊的事前準備、開槍前的確認事項、實際執行三段射擊的流程等等，供各位參考。

要注意降雨等天候問題！

雨水是火繩槍的大敵，開戰當天請務必注意天候變化。

火繩槍的數量要符合人數

為了避免槍枝過剩，或是士兵無槍可用。要確認槍與士兵的數量。

三段射擊戰術的確認清單

執行三段射擊之時，請確認以下清單的所有項目。

□以三把火繩槍為一組，確認是否有一組以上的火繩槍

□火繩槍的數量是否符合鐵炮兵的人數

□是否已經讓鐵炮兵依照三人一組來分組

□鐵炮兵是否已經確認自己負責的順序

□戰場是否下雨

□一號鐵炮兵是否準備完成

□一號鐵炮兵是否已開火射擊

□二號鐵炮兵是否準備完成

□二號鐵炮兵是否已開火射擊

□三號鐵炮兵是否準備完成

□三號鐵炮兵是否已開火射擊

給負責人的建議　只要下點小功夫，就能讓三段射擊更輕鬆！

●將老手跟新人編在同一組

→三段射擊的分組成員，最好兼具老手、中堅、新人成員，取得良好平衡。

●傳達火繩槍的魅力所在

→為了讓士兵熟練戰術，首先讓士兵「愛上火繩槍」是很重要的。請試著將火繩槍的趣味之處，以及葡萄牙人漂流到種子島，才讓火繩槍傳入日本的故事等魅力所在告訴士兵。

評價戰場以及日常業務表現的人事考核

活用考核表的各個項目評斷身為武將的表現成果

考核社員的業務成果以及能力時，常使用**「人事考核表」**。一般來說，會依照社員的職種來決定評價項目，而戰國時代的武將應該是會分為**平時**及**合戰**兩種情況，來設定評價項目吧。

比如說擅長作戰，但是對內政不拿手的**體育系武將**、不擅與人來往，但是對於研究戰略很有一套的**理工系軍師**、或是在宴席上大出風頭的**氣氛大師足輕**等各種類型。大名們得要針對旗下武將的優缺點，給予適當的評價才行。

另一方面，受考核者也能透過人事考核表，客觀地了解外部對自己的評價，藉以明確地設定目標，以求出人頭地。負責考核的人，也能藉由一定的基準評價自己的部下，藉此制定拔擢人才的參考數據。

下一頁就以木下藤吉郎為例，一起研究他的人事考核表成果吧。

人事考核表範例

人事考核表

受考核者

姓名	所屬・國	考核期間
木下藤吉郎	織田氏	天文23年上半年

考核結果

考核項目	考核內容	評價（S～D）
社內回報	是否向主君等上級長官，貫徹報告、聯絡、商談	B
服從度	是否遵循戰爭的法則以及慣例	A
內政	是否提升領地的農穫量	B
守時	是否在軍令規定時間前，準時抵達戰場	A
反應力	即使遭遇友軍突來的倒戈，也能夠即時處理	S
兵器	是否導入火繩槍等先進兵器	C
守城	是否保存軍需品，以備守城戰所用	B
協調性	在戰場上能否與其他武將合作	C
培養後繼	是否為了延續家名，決定並培養後繼者	C
責任感	犯下過錯時，是否有切腹負責的責任心	B
謀反	是否曾有謀反等行為	A

總評
以草履管理業務為中心，發揮了符合期待的才華。 提出將草履抱在懷中加熱的原創提案。 強烈表現出想要飛黃騰達的抱負，積極地奉公。 從另一方面來看，有太過重視功名、只在乎能否出人頭地的傾向。

考核者
織田信長

CHECK POINT

首級也會影響評價與獎賞

在戰場上取得敵軍首級的話，不妨積極地向上司報告，爭取好的評價。

考核要均衡看到平時與戰時表現

人事考核時，要均衡地評價部屬在平時以及戰場的表現。

人事命令格式的撰寫法

以任命征夷大將軍為例，學習人事命令文件的格式

德川家康出任**「征夷大將軍」**，開設了江戶幕府。在家康之後，將軍的寶座都由德川家代代相傳。但是在家康之前，坂上田村麻呂、源賴朝、足利一族也都曾出任征夷大將軍。如果用現代的說法，征夷大將軍就像是**CEO**那樣的職位吧。

朝廷任命家康出任征夷大將軍，想必會發布**「人事命令」**之類的文件。現代社會的上班族，一般是透過書面文件或是電子郵件，來發表或是得知加薪、晉升、任命、或者部門異動等命令。

在戰國時代，除了征夷大將軍之外，武將的加封領地、領地安堵、減封領地、或是沒收領地等情況，甚至「今後要攻略某個地區」等軍令，也許也是透過這樣的命令文書來公布。

舉例來說，**任命征夷大將軍**或是**下令攻打中國地區毛利家**的人事命令範例，就可能像下一頁呈現的那樣。

任命征夷大將軍的人事命令

任命狀

德川家康 殿下

慶長八年二月十二日，任命閣下就任征夷大將軍。

今後宜善盡征夷大將軍之職務責任，期待閣下日後能更精進努力。

慶長八年二月二日

藤原北家日野流
公家　藤原朝臣兼勝

攻略中國地區的人事命令

人事業務命令

羽柴秀吉 殿下

天正四年七月一日起，命閣下負責攻打中國地區的毛利氏。

身為織田軍的地區攻略指揮官，閣下宜恪盡職守，為了天下統一的目標繼續精進努力。

天正四年二月二日
織田信長

履歷表・職務經歷書的撰寫法

想必非得準備「履歷表」不可。履歷表除了自己的經歷以及主要戰績之外，還有過往的職位、受封的領地、領地的石高、隱居次數等訊息。關於履歷上面的照片，建議使用**清楚描繪容貌的肖像畫或是繪卷**，盡量挑選知性風的圖像。

跳槽到他國大名旗下時必備的履歷書撰寫要點

提到**黑田官兵衛**，就知道是那位前後活躍於織田信長、豐臣秀吉、德川家康旗下的武將。通稱官兵衛，本名孝高，剃度出家後以如水為號，是個生涯曾經被改編為大河劇的人氣武將。「受到戰國三英傑的重用，但是其才能又受到忌憚的天才軍師」的形象，真像是**國中生創作的中二小說常見的人物設定**呢。

官兵衛曾經先後效力於不同主君，用現代說法來比喻，就是**「跳槽」**吧。要跳槽去新的勢力，

將戰功等摘要描述

在戰場立下的汗馬功勞，只需寫上重點摘要即可。

如果曾經改名也要記錄上去

如果曾因為出家或是隱居而改名，記得要詳實寫進履歷表。

履歷表、職務經歷範本（以黑田官兵衛為例）

No.

履歷表　　天正17年 6月12日現在

ふりがな	くろだ　じょすい
姓　名	黑田如水（孝高/官兵衛）
男・女	㊚・女
出生年月日	天文15年 11月 29日（實歲43歲）
ふりがな	ぶぜんくになかつ
戶籍地址	豐前國中津Castle中津　401
（電話）	（行動電話）
（E-Mail）	kuroda@buzen.sngk

年	月	學歷・經歷
天文15年	11月	誕生於播磨國姬路
永祿10年	2月	擔任小寺家的家老並兼任姬路城代
天正6年	10月	被監禁於有岡城
天正8年	1月	成為織田家臣，擔任秀吉的與力
天正8年	8月	受封 揖東郡福井庄　1萬石　領地
天正12年	7月	受封 播磨國宍粟郡　5萬石　領地
天正15年	7月	受封 豐前國6郡　12萬石　領地
天正17年	5月	隱居，直到現在
		主要戰績
天正9年	6月	使用斷糧戰術攻打鳥取城
天正10年	5月	使用水攻戰術攻打備中高松城
天正10年	6月	參加中國攻略戰、與毛利談和、提案中國大折返
天正13年	5月	以軍師身分，參加四國攻略戰
天正14年	4月	以軍師身分，參加九州征伐戰
		以上

天下統一的事業企劃書撰寫法

決心下剋上之人必備的執行摘要（Executive Summary）

「天下布武」這句話，是織田信長揭示以武力統一日本的宣言，同時也是信長的施政方針。信長宣言天下布武，轉戰日本全國各地，擴大統治的領地。如果以現代社會的說法，想必就是包含**社訓以及經營理念的領導政策宣言**吧。而且非常明顯是要歸類為**武鬥派社訓**。

要執行統一日本全國的偉業，想必需要透過**「事業企劃書」**來公布計畫及概要。無論是想**獲得朝廷的認可**，**或是從公家招募資金**，都需要提出事業企劃書。打算藉由下剋上來出人頭地者，更一定要準備好這份企劃書。

以統一天下為目標製作企劃書時，要有意識地彰顯出自己與其他競爭武將的差異，並且認真地調查並蒐集他國的情報。下一頁，將具體介紹**事業企劃書的摘要**。

事業企畫書摘要的範本

織田家 Executive Summary

▶經營遠景

以統一天下為目標，立志平定戰國亂世。

▶事業背景/參入意義

因為爭權所引發的武力鬥爭，導致務農維生的百姓長期處於民生匱乏的狀態。織田家立志要為黎民百姓，打造太平盛世。

▶事業概要

以「天下布武」作為理念，藉由武力來統一天下，推行武家政權治理天下的事業體系。

▶市場性

天下的人口規模為12,000,000人，應仁之亂後以150%的成長率增加。

▶顧客對象

期盼天下太平的全國大名、武將、農民等。

▶活用強項

利用尖端兵器火繩槍，採取三段射擊戰術。

▶差異化重點

藉由樂市、樂座，導入自由市場經濟模式。

織田信長

CHECK POINT

必須調查競爭武將

提出統一天下宣言之前，一定要調查全國所有競爭武將的情報。

石高或城池數的KPI要明確

必須要設定明確的KPI，才能以天下統一為目標，向霸主之道邁進。

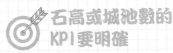

在戰國亂世派上用場的最新商務用語

難懂…？還是帥氣…？最新南蠻用語活用術

現在的商務人士，經常使用各種**外文**。因為在商務的場合使用外文，能夠給對方**「趕快認同，免得別人以為我們聽不懂」**的卓越效果，想必這招在戰國時代也通用吧。有許多**自我感覺良好的武將**，使用這些**南蠻傳來的用語**，為了就是要塑造國際化的形象。

舉例來說，如果戰國時代也導入現代常用的外文，會是怎樣的光景呢？像是織田信長這種強烈地想要往海外發展的武將，說不定就會在合戰或

是評定，使用許多最新潮的南蠻用語。

為了不要輸給那些自我感覺良好的武將與大名，下一頁我們將介紹**戰國時代也能派上用場的外文**。

［初級］日常生活能派上用場的南蠻用語

南蠻用語	意思	例句
Assign	任命、分配	Assign家康殿下在金崎之戰斷後
Agenda	計畫、議程	在清洲會議的Agenda追加領地問題
Evidence	證據、證明	交出倒戈東軍的Evidence
Reschedule	變更預定	因為信玄殿下身體不適，上洛計畫Reschedule
Synergy	協同增效	本能寺之變Fix後，天下統一就更Synergy了
Just Idea	一時興起	發動謀反只因為Just Idea
Scheme	方案、計畫	這個Scheme，要收集刀劍做成打造大佛的釘子，並且同時推行兵農分離

[中級] 戰場上能派上用場的南蠻用語

南蠻用語	意思	例句
Task	任務	將安土城築城工作的Task，分配給繩張奉行及石材奉行
De facto (standard)	標準化、基準	火繩槍正逐漸在合戰成為De facto
Drastic	激烈的	本能寺之變三天後，形成了Drastic局勢
Knowledge	有用的知識	將草履抱在懷中加熱的Knowledge分享給他人
Buffer	緩衝、寬裕	關於要送來的鹽，量請多抓一點Buffer
Parallel	同時並行	這次要朝本能寺及二條城Parallel發動謀反
Feedback	回饋、分析改善報告	針對檢地成果報告進行Feedback

[上級] 用了就讓人覺得很潮的南蠻用語

南蠻用語	意思	例句
Fix	下決定、確定	將繼任當主Fix下來吧
Phase	階段	將川中島之戰，分為一到五Phase來進行
Launch	啟動、開始	天下布武正式Launch
Brush Up	提升完成度	與千利休一起研究如何將茶會Brush Up
Persona	人物特質	試想關原之戰中倒戈武將的Persona

訣竅一點靈

雖然南蠻用語很方便又帥氣，不過正因為是從南蠻傳來的詞彙，如果濫用的話，反而無法表達自己原本的想法。舉例來說，以下兩句話就是濫用南蠻用語的範例。「本能寺之變的事要A.S.A.P.地Fix下來，透過謀反來創造統一天下的Synergy」。或是「向農民宣傳配合刀狩令，將武器轉作佛像用具的Benefit，藉以initiative兵農分離」。

洽詢軍師業務的信件撰寫

以「栗原山路走七遍」的精神，進行業務拜訪並禮聘在野武將

所謂的**「栗原山路走七遍」**，來自豐臣秀吉為了邀請美濃第一的軍略家・竹中半兵衛擔任他的軍師，而七度造訪半兵衛位於栗原山上的草廬這段故事。雖然有人認為這個典故，應該是仿效三國演義裡的**「三顧茅廬」**而出現的創作。但是三顧茅廬才跑三次，秀吉還**追加到七次之多**，真的是**好棒棒**呢。

以「栗原山路走七遍」為範例，如果要聘請他國或是在野武將、軍師前來效力，若是不能親自走一趟拜訪的話，要先用信件的方式，詢問對方的意願。在信件中要清楚說明工作內容、聘用期間、報酬等雇用條件，如果雇用條件有商討餘地的話，最好也一併寫上，藉以探問對方期望的條件。

○ 詢問次數最好以七次為限

如果詢問得不到理想成果，不妨再次詢問，但次數要控制在七次左右。

○ 以「若是您願意的話」的態度詢問

即使是當權者，事前徵詢對方意見時，也不能忘記保持「有求於人」的謙遜態度。

以「栗原山中走七遍」為例，撰寫信件詢問意願

發信人：HIDEYOSHI Hashiba <hh@oda.sngk> 發信時間：永祿10年6月1日 12:50:11
收件人：竹中半兵衛殿下 <all@oda.sngk>
主旨：Re: Re: Re: Re: Re: Re: Re: Re: 詢問是否有意願擔任軍師

竹中殿下
平時承蒙您關照了，我是織田的家臣，敝姓羽柴。

數次打擾您，實在非常抱歉。

先前曾和您聯絡，詢問您是否有意願為織田家效力。
不知道您考慮得如何呢？

為了要實現敝國「天下統一」的目標，我們非常希望竹中殿下能賞光加盟敝國，發揮您過人的才智。敝國的代表織田大人，以及織田所有家臣，都滿心期待您能夠前來指教。

---請託內容---
業務內容：敬邀您擔任織田家的軍師
聘用期間：永祿10年起至天下統一
報酬：基本底薪＋業務獎金

關於聘用的相關事宜，先前已經跟您報告過了。
如果對於俸祿或是領地石高有任何想法，也希望您能不吝指教。

敝人也非常希望，能跟竹中殿下一起共事。
期盼您能夠檢討看看，拜託您了。

HIDEYOSHI Hashiba <hh@oda.sngk>
羽柴秀吉

～ 毛利攻略計劃「中國攻略戰」好評展開中 ～
伊香郡/坂田郡/淺井郡/長濱/姬路城/草履/一夜城/猴子/墨俣城

幕府轉移通知函

江戶幕府開府之時寄給相關人士的通知信函

西元1603年，德川家康在江戶開設「江戶幕府」。在室町時代，幕府的中樞位在京都，以距離來衡量，從京都轉到東京真的是**相當遙遠的距離**。說不定當時許多人聽到這個消息，首先的反應是「幹嘛跑這麼遠？」。如果用現代社會做比喻的話，大概就像是把日本首都從東京搬到海外的感覺。好比是是搬到**印度之類**的地方吧。

即使是現代的商務場合，公司搬遷的時候，一般會利用電子郵件等方式，向關係人士及同盟者發表「**搬遷啟示**」。江戶幕府開府時，不妨也利用信件等方式來通知相關人士吧。

搬遷啟示的書寫法，要寫上新地址、開府的地點及時間等情報，如果變更體制的話，也要一併在信中說明，並且邀請相關人士來訪，才是有禮貌的做法。

同時寄給多人最好採用Bcc

為了不讓收信武將、大名的電子信箱曝光，建議使用密件副本Bcc來寄送。

參勤交代等情報也要共享

若是因為搬遷或是開府，發生參勤交代等情況的話，也要一併通知對方。

江戶幕府開府通知函

發信人：德川家康 <ieyasu@tokugawa.edo>　　發信時間：慶長8年1月5日 12:19:30
收件人：德川家康 <ieyasu@tokugawa.edo>
主旨：江戶幕府・開府通知
附件檔案：江戶幕府開府通知1603.pdf

敬啟 各位先進※，由於收件人眾多，以Bcc方式寄送，敬請見諒

欣聞貴國的國勢日益昌隆，深表慶賀之意。
平時承蒙您關照指導，實在是感激不盡。

藉由這次的機會向您報告。
敝人將於江戶開設江戶幕府，取代室町時代開設的室町幕府。

「德川家」在戰國時代統一天下，
將於武藏國江戶開設中央集權制度武家政權「江戶幕府」。
藉著本次開府，德川家康身為敝家的代表，將同時就任征夷大將軍。

江戶幕府開府之後，也請諸位先進繼續給予照顧。
此外，也要煩請諸位先進參加參勤交代，定期蒞臨江戶惠賜指教。
若是各位來到附近的話，也請務必光臨江戶，讓家康盡地主之誼。

<新幕府>
地址：武藏國江戶
征夷大將軍：德川家康
開府日期：慶長8年2月12日

__/
德川家康<ieyasu@tokugawa.edo>
IEYASU TOKUGAWA
征夷大將軍 / EDO BAKUFU CEO
__/

要求回報一夜城築城進度的催促信

「一夜城」建設進度如何？撰寫信件要求回報進度

織田信長進攻美濃國時，家臣木下藤吉郎在短短時間內建造了墨俁城，這個故事被稱為**「墨俁一夜城」**。雖然名為一夜，但其實是指「短時間」的意思。雖然一夜城的故事真偽未定，但是身為一個上班族，如果被上司指派**「命你一個晚上蓋出一座城池」**，光是想像就讓人**不寒而慄**吧。戰國時代還有好幾個「一夜城」的傳說，看來像是**黑心企業**般的大名說不定比我們想像還多，真是爆肝不分古今。

像是一夜城這種的交期嚴苛的企劃案，重要的是**確認進度**。上從統領所有工作的總奉行開始，下到普請奉行、繩張奉行、石材奉行、磚瓦奉行等小組負責人，最好都要定期透過信件或是開會確認進度。

要清楚標註交期

像是一夜城這種有明確交期的案件。確認進度時，一定要寫清楚交期的期限。

如果趕不上交期，一定要提早報告

如果覺得趕不上進度的話，一定要記得提早將狀況通知客戶及主君。

要求回報一夜城築城進度的催促信

發信人：木下藤吉郎 <t.kinoshita@oda.sngk> 發信時間：永祿10年6月1日 03:50:11
收件人：一夜城工作小組 <team_sunomata@oda.sngk>
主旨：關於進度回報
附件檔案：一夜城進度10061.pdf

各位辛苦了，我是木下藤吉郎。

於昨日開始動工的墨俣一夜城計畫。
各位目前的工作進度如何呢？

麻煩各組負責人回報現階段的工作進度。
關於回報方式，請直接回覆這封信件。
（請在04:30前回報）

因為施工期間只有短短一個晚上（永祿9年9月21日AM7:00前）
請大家好好把握日出前的時間，努力趕工。
（非常抱歉，交期實在無法延後）

這次的工程，由我監督掌握所有進度。
我將尚未完工的項目，彙整填寫進EXCEL表。
也請各位一併過目確認。

這次專案所建造的一夜城，
將成為美濃攻略計劃中非常重要的據點。
千萬拜託各位務必要盡全力配合。

以上，請大家多多幫忙。

木下藤吉郎 <t.kinoshita@oda.sngk>

將軍的歡送會邀請函

發送「歡送會邀請函」，為被逐出京都的足利義昭餞行

室町幕府最後的將軍・足利義昭。他與織田信長一起上洛，成為繼任室町幕府的將軍，但在最後遭到信長放逐，不得不離開京都。說到信長跟義昭，打從上洛到放逐將軍為止，兩個人的關係時好時壞，不斷上演著歡喜冤家的情節。最後演變成義昭參加「信長包圍網」，成為反信長聯軍的一份子的局面。

除了義昭遭放逐之外，在戰國時代的商務場合，也有許多道別的場景。例如轉封或是移封到他國領地、奉命交換領地、出家、流放離島等各種情況。身為一個熟知商業禮儀的王牌武將，此時最好舉辦「歡送會」來幫人餞行。將舉辦地點、日期、歡送會的流程等資訊，用郵件來通知當事人與參加者，最好再準備一份送別小禮物。

私下詢問落腳處才不失禮

遭到流放之後，打算投靠何人，或是要去哪裡出家。這些個人情報不能寫在信中，最好私下詢問。

放下恩怨，好聚好散

把過往的恩怨情仇都放在一邊，要記得面帶微笑並抱持祝福的心情，在歡送會上歡送對方。

歡送會邀請函

發信人：N.Oda ＜nobunaga@oda.sngk＞　　發信時間：天正2年3月21日 17:50:01
收件人：織田氏全軍ML ＜all@oda.sngk＞
主旨：足利義昭殿下的歡送會邀請

各位相關人士
辛苦了，我是信長。

足利將軍家的足利義昭殿下，
已經決定將在本月底離開京都。

我想舉辦一場歡送會，為義昭殿下餞別。
請各位在以下網址，回報是否能夠參加送別會。
http://choseisan.sngk/15730321140221

歡送會舉辦日期
天正2年3月26日（週五）18:00開始

場所
預定在京都附近的宅邸舉辦
請在下週「25日（週四）18:00」前填寫回覆能否參加歡送會。

從擁立義昭殿下上洛以來，
義昭殿下在天下統一的事業裡，一直用心扮演領導者的角色。
在工作上跟義昭殿下有往來交流的人，敬請撥冗參加歡送會。

以上，謝謝大家。

_/
織田信長
NOBUNAGA ODA ＜nobunaga@oda.sngk＞
天下布武・第六天魔王・尾張的大傻瓜・三段射擊
_/

對離職者送上關懷

再見了，天正遣歐少年使節。為離職的同事舉辦歡送會

天下霸主換人之際，也是離別的時候。主宰天下的霸主交班時，過往的政策以及方針會一併更新，昔日的人事組織也會輪替。當全新陣容登上歷史的舞台之時，勢必也有人要從舞台上退場。

隨著變更領地而調派到遠方的人、或是被判處流放離島之罪，被放逐到偏鄉的人等等，他們都將前往日本國內各地開始新的生活。當然也會有人往更遙遠的「海外」展開旅程。

有些武將被任命為切支丹大名的代表，奉命前往歐洲等海外異國出差，或是派駐海外。當同僚武將被派駐到海外擔任使節，一去就要花上很長的時間，想必心中應該會感到寂寥吧。

如果是素有往來的人要被派駐海外，建議舉辦歡送會或是壯行會，慰勞他們的辛勞並給予聲援鼓勵。此外不妨準備一束花，或是大家簽名的卡片，作為送別紀念也很不錯。

簽名卡片的範例

滿所君
作為我的代表，
去到歐洲也要加油喔。
大友宗麟

在海洋的另一邊也要努力喔！要跟米蓋爾相親相愛喔
大村純忠

完成耶穌會神學校的學習，辛苦了。
希望你在新天地也能一展長才。
有馬晴信

請在歐洲累積各種經驗，
滿載而歸喔。雖然是普通
的祝福，但「要加油喔」
羽柴秀吉

去歐洲也要加油！ 一條

恭喜你從耶穌會神學校脫穎而出。
期待你在更廣大的世界發光發熱。
范禮安神父

For伊東滿所
鵬程萬里！前途光明！

展翅高飛吧～
朱[illegible]安

辛苦你了！
回日本以後一起喝一杯吧！
伊東義益

期待你在新職場
的活躍表現。
田中

給伊東君
這次沒辦法跟你一起同行，
真的很遺憾！誠心期待有一
天能跟你一起擔任使節。
伊東祐勝

雖然這句話不該由我說，
去到歐洲也要加油呢（笑）
今後也請多多指教。
千千石米蓋爾

後記

這是我最近才發現的事情，某天我隨手咖搭咖搭地敲下鍵盤，在網路上查詢「歷史」的意思時，出現了「歷史是人類與社會等事物變遷至今的情況」的解釋。從這一點來深入思考，「歷史」是會隨著時間的流轉而不斷增加的。雖然這好像是理所當然的事。

正因如此。對於我這個把歷史當作素材，另外再加上趣味元素的人來說，我覺得這對自己而言是一件值得感恩的事。因為素材來源（歷史）會隨著時間不斷（任性）地增加。理論上來說，今後我還會有源源不絕的素材可以使用，就好像找到一個永動機一樣，真的很ＬＵＣＫＹ。以上是我個人在幾天前的發現。

結束每天的工作回到家中，吃過晚餐洗完澡後，我會開始整理可用的歷史素材。只要這些素材的來源不會消耗殆盡，我好像就能夠繼續創作下去，直到我初老癡呆為止吧。

因此，我應該還能有一段時間，可以繼續為大家提供無傷大雅的歷史惡搞笑料。希望能夠繼續地博君一笑。

如果這樣不會對您造成困擾的話，今後還請各位多多指教呢。

２０１６年６月
スエヒロ

TITLE

戰國武將職場菁英生存術

STAFF

出版	瑞昇文化事業股份有限公司
作者	スエヒロ
譯者	月翔
總編輯	郭湘齡
文字編輯	徐承義　蔣詩綺　李冠緯
美術編輯	孫慧琪
排版	二次方數位設計　翁慧玲
製版	昇昇興業股份有限公司
印刷	桂林彩色印刷股份有限公司
法律顧問	經兆國際法律事務所　黃沛聲律師
戶名	瑞昇文化事業股份有限公司
劃撥帳號	19598343
地址	新北市中和區景平路464巷2弄1-4號
電話	(02)2945-3191
傳真	(02)2945-3190
網址	www.rising-books.com.tw
Mail	deepblue@rising-books.com.tw
初版日期	2019年5月
定價	350元

ORIGINAL JAPANESE EDITION STAFF

デザイン	ナルティス (新上ヒロシ+原口恵理+井上愛理)
カバー・総扉イラスト	オオヤサトル
本文イラスト	ヤス・タグチータ プレミアム
画像提供	P11、12、26、31、63の肖像画： ©Bridgeman/PPS通信社
図版作成・DTP	ISSHIKI
校正	岩佐陸生

國家圖書館出版品預行編目資料

戰國武將職場菁英生存術 / スエヒロ
著；月翔譯. -- 初版. -- 新北市：瑞昇
文化, 2019.05
144面；14.8x21公分
ISBN 978-986-401-336-4(平裝)

1.職場成功法 2.社交禮儀 3.人際關係

494.35　　108005850

ASHITA SEPPUKU SASERARENAI TAME NO ZUKAI SENGOKU BUSHO NO BUSINESS MANNERS NYUMON

First published in Japan in 2016 by KADOKAWA CORPORATION, Tokyo.
Complex Chinese translation rights arranged with KADOKAWA CORPORATION, Tokyo through DAIKOUSHA INC.,Kawagoe.